高职高专服装专业纺织服装教育学会“十二五”规划教材

服装工艺

主　编：闫学玲（河南科技学院艺术学院）
吕经伟（清华大学美术学院）
于　瑶（哈尔滨师范大学美术学院）

副主编：王姝画（河南科技学院艺术学院）
吴效瑜（北京电子科技职业学院艺术设计学院）

参　编：王　静（河南科技学院艺术学院）
王素琴（鹤壁工贸学校）
刘晶晶（新乡学院）
王静静（河南科技学院新科学院）
符丽娜（河南科技学院艺术学院）

中国轻工业出版社

图书在版编目（CIP）数据

服装工艺／闫学玲，吕经伟，于瑶主编．—北京：
中国轻工业出版社，2023.8
高职高专服装专业纺织服装教育学会“十二五”规划教材
ISBN 978-7-5019-8314-8

Ⅰ．①服…　Ⅱ．①闫…　②吕…　③于…　Ⅲ．①服装工艺—
高等职业教育—教材　Ⅳ．①TS941.6

中国版本图书馆CIP数据核字（2011）第124336号

内容提要

本书以实物操作的照片形式配合讲解，详细讲述了服装缝制基础工艺、裙子缝制工艺，男、女裤缝制工艺，男、女衬衫缝制工艺，男、女西服缝制工艺以及弊病分析、服装考级等内容。

本书演示过程清晰明了，内容翔实，简单易懂，是服装高等院校、高职高专以及中等职业学校服装专业学生学习、掌握服装制作方法的有力助手，也可作为服装爱好者的自学读物。

责任编辑：李　红　　责任终审：劳国强　　封面设计：锋尚设计
版式设计：锋尚设计　　责任校对：燕　杰　　责任监印：张京华

出版发行：中国轻工业出版社（北京东长安街6号，邮编：100740）
印　　刷：三河市万龙印装有限公司
经　　销：各地新华书店
版　　次：2023年8月第1版第6次印刷
开　　本：889×1194　1/16　印张：10.5
字　　数：380千字
书　　号：ISBN 978-7-5019-8314-8　定价：48.00元
邮购电话：010-65241695
发行电话：010-85119835　传真：85113293
网　　址：http://www.chlip.com.cn
Email：club@chlip.com.cn
如发现图书残缺请与我社邮购联系调换
231256J2C106ZBQ

前言

为了使服装专业的学生能够适应市场的需求，具备较强的实践动手操作技能，独立承担并完成从设计构思到成品制作的全部工序，编写了《服装工艺》一书。作为高职高专服装专业“十二五”部级规划教材之一，该书凝聚了服装生产、教学一线诸多专家学者长期积累的经验，集思广益、博采众长，系统地讲述了各类服装的制作工艺。

本教材以照片的形式，逐步分解服装制作的过程，注重内容的科技性、实用性、可操作性，注重培养读者的学习兴趣、学习成就感和工艺创新能力。由浅入深、由部分到整体详细地讲述了各类服装的制作工艺与技巧，使读者在较短的时间内轻松掌握服装缝制的方法、技巧，具有立竿见影的效果。结合市场服装款式流行，选择具有代表性的款式，将服装款式与市场流行结合起来，加强服装的时尚性与实用性。书中对于服装工艺中每个部位的操作过程安排合理，匹配文字说明，清晰明了，易学易懂，能够满足读者对服装工艺技术的学习要求。

书中第十一章第1～3节、第十二章由吕经伟编写；第十一章第4～8节由闫学玲编写；第一章、第二章由于瑶编写；第五章、第六章由吴效瑜编写；第八章、第九章由王姝画编写；第十章由王静编写；第七章由王素琴编写；第四章由刘晶晶编写；第十三章由王静静编写；第三章由符丽娜编写。全书由闫学玲、吕经伟统稿。

在编写的过程中，得到了中国轻工业出版社领导及编辑、中国纺织服装教育学会领导、河南科技学院领导及同事的大力支持，在此深表感谢！

由于作者的水平有限，疏漏之处在所难免，恳请各地师生及服装爱好者在使用的过程中多提宝贵意见。

编者

2011年3月

目 录

第一章
服装工艺基础知识

第一节　名词术语

缝纫工艺名词术语是服装缝纫中的专门用语，是在长期的生产实践中逐步形成的，是约定俗成的。它有利于指导生产、传授知识，有利于质量管理。为了促进服装生产技术的发展，国家技术监督局于1995年颁布了《服装术语》即GB/T15557—1995国家标准。下面将标准中有关缝纫工艺的名词术语介绍如下。

1	修片（撤片）	按标准样板修剪毛坯裁片。
2	打线丁	用白棉纱线，在裁片上作出缝制标记，一般用于毛呢服装的缝制。
3	剪省缝	毛呢服装上缝制的省缝因厚度而影响衣服外观，因此需剪开省缝。
4	环缝	将毛呢服装剪开的省缝，用纱线作环形针法绕缝，以防止线脱散。
5	缉省缝	将省缝折合，用缝纫机缉缝。
6	刷花	在裁片印花部位上面刷花印。
7	烫省缝	将省缝坐倒熨烫或分开熨烫。
8	推门	平面衣片经归拔等工艺手段处理后，使衣片呈立体形态
9	缉衬	机缉前衣身的衬布。
10	烫衬	熨烫缉好的胸衬，使之与人体胸部及经归拔后的衣片相吻合。
11	敷衬	在前衣片上敷胸衬，使衣片与衬布贴合一致，衣片布纹处于平衡状态。
12	纳驳头	也称扎驳头，用手工或机扎驳头。
13	做插笔口	在小袋盖上口做插笔开口。
14	拼耳朵皮	将大衣挂面上端形状如耳朵的部分用手针或机缉进行拼缝。
15	包底领	底领四边包光后机缉。
16	做领舌	做中山装底领伸出的里襟。
17	敷止口牵条	将牵条布用手针扎上或用浆糊粘在止口部位。
18	敷驳口牵条	将牵条布用手针扎上或用浆糊粘在驳口部位。
19	缉袋嵌线	将袋嵌线料缉在开袋口线两侧。
20	开袋口	将已缉好嵌线的袋口中间部位剪开。
21	封袋口	袋口两端机缉回针封口。
22	敷挂面	将挂面敷在前衣片门里襟的止口部位。
23	合止口	将衣片和挂面在门襟止口处机缉缝合。
24	修剔止口	将缉好的止口毛边剪窄或剔薄。有修双边和修单边两种方法。

25	扳止口	将止口毛边与前身衬布用斜手针扳牢。
26	扎止口	在翻出的止口上，手工或机缉一道临时固定线。
27	合背缝	将背缝机缉缝合。
28	归拔后背	将平面的后衣片按体型归拔成立体衣片。
29	敷袖窿牵条	将牵条布缝在后衣片的袖窿部位。
30	敷背衩牵条	将牵条布缝在后背衣衩边沿部位。
31	封背衩	将后背衣衩上端封结。一般有明封和暗封两种。
32	扣烫底边	将底边折光或折转熨烫。
33	扎底边	将底边扣烫后扎一道临时固定线。
34	倒钩袖窿	沿袖窿用倒钩针法缝扎，使袖窿牢固。
35	叠肩缝	将肩缝缝头与衬布扎牢。
36	做垫肩	用布或棉花、中空纤维等制作。
37	装垫肩	将垫肩安装在袖窿肩头部位，使最厚部位位于人体肩线上。
38	倒扎领圈	沿领圈用倒钩针法缝扎。
39	拼领衬	在领衬拼缝处机缉缝合。
40	拼领里	在领里拼缝处机缉缝合。
41	归拔领里	将敷上衬布的领里归拔熨烫成符合人体颈部的立体形态。
42	归拔领面	将领面归拔熨烫成符合人体颈部的立体形态。
43	敷领面	将领面敷上领里，使领面领里符合一致。领角处的领面要宽松些。
44	绱领子	将领子安装在领窝处，领子要稍宽松些。
45	分烫绱领缝	将绱领缉缝分开，熨烫后修剪。
46	分烫领串口	将领串口缉缝分开熨烫。
47	扎领串口	将领串口缝与绱领缝扎牢。注意使领串口缝顺直。
48	包领面	将西装、大衣的领面外口包转，用三角针将领面与领里绷牢。
49	归拔偏袖	将偏袖部位归拔熨烫成人体手臂的自然弯曲形态。
50	缲袖叉	将袖叉边与袖口贴边用手针固定。
51	扎袖里缝	将袖子的面、里缉缝对齐，用手针固定。
52	收袖山	抽缩袖山松度或缝吃头，用手工缝或机缝。
53	滚袖窿	用滚条将袖窿毛边包光，增加袖窿的牢度和挺度。
54	缲领钩	将底领领钩开口处用手针缲牢。
55	扎暗门襟	暗门襟扣眼之间用暗针缝牢。

56	划眼位	按衣服长度和造型要求划分扣眼位置。
57	滚扣眼	用滚扣眼的布料将扣眼的毛边包光。
58	锁扣眼	将扣眼用粗丝线锁光。
59	滚挂面	将挂面的里口毛边用滚条包光，滚边宽度一般为0.4cm。
60	做袋爿	将袋爿毛边扣转缲上里布。
61	翻小袢	小袢的面、里布缝合后将正面翻出。
62	绱袖袢	将袖袢装在袖口上设定的部位。
63	坐烫里子缝	将里子缉缝坐倒熨烫。
64	缲袖窿	先将袖窿里布固定在袖窿上，再将袖子的里布固定于袖窿的里布上。
65	缲底边	将底边与大身缲牢。有明缲与暗缲两种方法。
66	绱帽檐	将帽檐缉在帽子前面的止口部位。
67	绱帽	将帽子装在领窝上。
68	领角薄膜定位	将领角薄膜在领衬上定位。
69	热缩领面	将领面进行防缩熨烫。
70	粘翻领	将领衬与领面的三边用浆糊粘合。
71	压领角	上领翻出后将领角进行热定型。
72	夹翻领	将翻领夹在底领的面、里布之间，机缉缝合。
73	镶边	用镶边布按照一定的宽度与形状，镶在衣片的边沿上。
74	镶嵌线	用嵌线料镶在衣片上。
75	缉明线	机缉或手工缉缝在服装表面上的线迹。
76	绱袖衩条	将袖衩条装在袖衩位上。
77	封袖衩	在袖叉上端的里侧机缉封牢。
78	绱拉链	将拉链装在门襟或侧缝处。
79	绱松紧带	将松紧带装在袖口、底边等部位。
80	点纽位	用铅笔或划粉标注纽扣位置。
81	钉纽扣	将纽扣钉在纽位上。
82	刮浆	在衣片需要用浆的位置把浆刮匀，以增加该部位的挺度，便于缝合。
83	划绗缝线	防寒服制作中，在布料上划出绗缝间隔标记线。
84	绗棉	按绗棉标记线机缉或手工绗缝，将填充材料与里布固定。
85	缲纽袢	将纽袢的边沿折光缲缝。
86	盘花纽	用缲好的纽袢条，按一定的花型盘成各式纽扣。

87	钉纽袢	将纽袢钉在前门里襟的纽位上。
88	打套结	在衣衩口处用手工或机器打套结。
89	拔裆	将平面裤片经拔烫后，成为符合人体臀部及下肢形态的立体裤片。
90	翻门袢	门袢缉好后将正面翻出。
91	绱门袢	将门袢装在裤片的门襟上。
92	绱里襟	将里襟装在裤片里襟上。
93	绱腰头	将腰头装在裤腰上。
94	绱串带袢	将串带袢装在腰头上。
95	绱雨水布	将雨水布装在裤腰里的下口。
96	封小裆	将小裆开口机缉或手工封口，增加前门襟开口的牢度。
97	钩后裆缝	在后裆弯处，用粗线作倒钩针缝，以增加后裆缝的牢度。
98	扣烫裤底	将裤底毛边折转熨烫。
99	绱大裤底	将裤底布放在后裆十字缝上并缝合。
100	花绷十字缝	将裤裆十字缝分开绷牢。
101	扣烫脚口贴边	将裤脚口贴边折转熨烫。
102	绱贴脚条	将贴脚条缝装在裤脚口的里侧边沿。
103	固定裤脚翻边	将裤脚翻边分别在侧缝和下裆缝处固定。
104	抽碎褶	用缝线抽缩成不定型的细褶。
105	叠顺褶	缝叠成同一方向的折裥。
106	包缝	用包缝线迹将衣片毛边缝锁，使纱线不易脱散。
107	针迹	缝针刺穿布料时在上面形成的针眼。
108	线迹	缝制物上面两个相邻针眼之间的缝线迹。
109	缝迹	相互连接的线迹。
110	缝型	一定数量的布片和缝制过程中的配置形式。
111	缝迹密度	在规定长度单位内所形成的线迹数，也叫做针脚密度。
112	手针工艺	应用手针缝合衣料的各种工艺形式。
113	装饰手针工艺	兼有功能性和艺术性并以艺术性为主的手针工艺。
114	塑型	人为地把布料加工成所需要的形态。
115	定型	根据面料、里料和辅料的特性，给予外加因素，使衣料的形态具有一定的稳定性。

第二节　机针与缝线

一、机针

即缝纫机专用针，其粗细用号数表示。机针是引线机构中的重要零部件之一，引线机构的稳定性很大程度上取决于机针的质量与规格。

由于缝纫机种类不同，机针也各有差别，而且每一种型号的机针还有不同的规格和类别。为便于区别，一般各种机针在号数前都有一个型号，以表示该机针所适应的缝纫机种类。在缝纫厚薄、质地不同的面料时，应根据不同种类的缝纫机选用相应型号及粗细的机针。选择机针的原则是：缝料越厚越硬，机针越粗，缝料越薄越软，机针越细。如丝绸等薄软的面料宜选用9号、11号针；中厚面料选用14号、16号针；厚面料选用18号针。

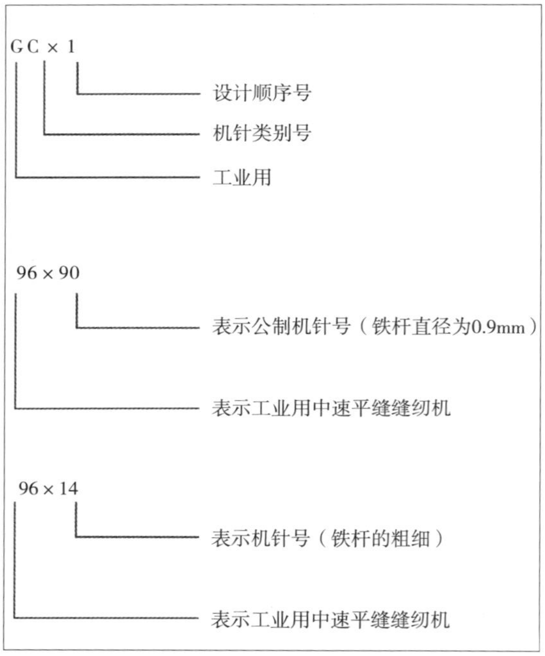

图1-2-1　常见的机针型号、规格

1. 分类

按针的形状分，有直针、弯针两类。按机型及用途分，有平缝针、绷缝针、包缝针、绣花针、钉扣针、制鞋针等。

2. 结构

以平缝机针为例，机针由针柄、针杆、针尖三部分组成。针尖上的针孔可使缝纫线穿过，并将线带过面料；针杆上的容线槽可减少线与面料的摩擦；针孔附近的曲档可保证校尖正确无误地钩取线圈。

3. 缝纫机针的性能

（1）强度与韧性；（2）散热性；（3）可缝性。针尖锋利不损伤面料，缝线流畅、不断线，线迹清晰、规则（整齐）、美观。

4. 目前市场上常见的机针型号、规格

如图1-2-1所示。

5. 机针的表示方法

机针的针号常用的有号制、公制和英制三种表示方法，号数越大，针越粗，如表1-2-1所示。号制：一般为6～16号，号码本身没有特殊意义；公制：一般从55每隔5单位递增，到100为止，公制号数×0.01cm等于针杆直径（mm）；英制：一般从022至040，英制号数×0.001等于针杆实际直径英寸数。

表1-2-1　机针的三种不同表示方法的对应关系

号制	6	7或8	9	10	11	12	13	14	15	16
公制	55	60	65	70	75	80	85	90	95	100
英制	022	–	025	027	029	032	034	036	038	040

6. 机针、缝料、缝线选择参考表（表1–2–2）

表1–2–2　机针、缝料、缝线选择参考表

缝料种类	机针号码		缝线		
	GC型		棉	丝	尼龙
各种化纤、尼龙、薄纱布、细麻纱、麻纱及刺绣	9 10	65 70	100～200	30	
薄棉布、细麻纱、涤绵、薄府绸、绸缎	11 12	75 80	80～100	24～30	3～56
粗布、咔叽、斜纹布、薄呢绒、各种普通布	13 14	85 90	60～80	20	
粗厚棉布、绒布、、哔叽、灯芯绒布等	16	100	40～60	16–18	
各种厚呢布、薄帆布、普通毛织品、大衣呢、人造革等	18	110	30～40	10～12	

二、缝线

缝纫线是服装的主要辅料之一，除了缝合衣片的作用外，也具有一定的装饰效果。

1. 缝纫线的种类

按原料不同，缝纫线分为天然纤维缝纫线、合成纤维缝纫线、混纺缝纫线。按卷装形式不同，分为木芯线、纸管线、宝塔线、软球线、绞缕线。

2. 缝纫线的性能特征

（1）棉线，是由普通棉纱或精梳棉纱加捻合并而成的，价格低廉，牢度较好，耐200℃以上的高温，有蜡光线、丝光线和无光线三种。蜡光线经上蜡处理，强度高，适用于硬挺材料或皮革衣物的缝纫；丝光线适用于棉织物缝纫；无光线，柔软坚韧，延伸性好。

（2）丝线，是由多根2.2～2.4tex蚕丝加捻合并而成的缝纫线，特点是极富光泽，质地柔软，强度、弹性和耐磨性能均高于棉线。丝线多用于呢绒、丝绸、毛皮服装的缝制和锁扣眼，也作刺绣用线。

（3）涤纶线，大多是以纯涤纶短纤维制成的，也有以涤纶长丝制成的。短纤维线的特点是强度和耐磨性都优于棉线，熨烫温度可达150℃左右。涤纶长丝线的性能优于短纤维线。一般用于缝制化纤及混纺织物，也可用于皮革制品、毛毯的缝纫。

（4）锦纶线，是以锦纶长丝制成的，与涤纶线相比，拉伸度大，弹性好且轻，但耐磨性和耐光性不及涤纶线，吸湿性小，不耐热，胶烫温度不高于120℃，一般用于缝制化纤织物和呢绒织物，锦纶透明线可用于透明服装的缝制。

（5）维纶线，以维纶丝为原料制成的缝纫线多为白色，缝制品一般不喷水熨烫。维纶线有宝塔线和球线等卷绕形式，前者用于缝制厚实的帆布制品和包装袋，后者一般用来锁眼和钉扣。

（6）涤棉线，一般由65%涤纶与35%棉混纺制成的，优点是强度高，耐磨性比棉线好，缩水率较小，仅为0.5%左右，耐热性比涤纶线高，能适应高速缝纫，是目前国内使用最广泛的缝纫线，可用于化纤及其混纺织物和部分天然纤维织物的缝纫。

（7）绣花线，是指用于刺绣的线，用优质的天然纤维或化学纤维纺纱加工成的，多为绞线和小球线。按其原料组成分类，绣花线可分为丝绣花线、毛绣花线、棉绣花线和腈纶绣花线。

（8）金银线，有金、银、红、绿、蓝等颜

色，是用涤纶线作芯，外镀铝再轧上颜色制成的，光泽明亮，色彩鲜艳，但性脆易断，易氧化退色，不抗揉搓，不耐水洗，也不适合高速缝纫，一般用于绣制徽章及其他绣品。

3. 缝纫线的选用原则

（1）缝纫线的颜色、质地应与服装面料相一致，一般缝纫线的颜色应与衣料同色或近色，若用异色，则可产生装饰效果。细的缝纫线一般用在薄型衣料上，粗的缝纫线用在厚型衣料上。

（2）缝纫线的性能应与衣料匹配，缝纫线的原料应尽可能和衣料一致或同类，以使其性能相当。化纤衣料应选用化纤或其混纺的缝纫线，以保证强度和缩水率等一致。对于特殊功能服装来说，就需用经过特殊处理的缝纫线，比如耐高温、阻燃或防水整理等。

（3）应根据接缝和线迹种类来选用缝纫线，对于链式线迹需用坚牢度和延伸性较好的缝纫线。现代工业生产中，服装的不同部位都可用专用设备来加工，这样一件成衣可选用好几种缝纫线，如裆缝、肩缝应考虑线的坚牢，锁扣线则应耐磨，缲边线可选用透明线等。

（4）缝纫线应与针号相匹配，针号越小，缝纫线越细；反之，则越粗。

（5）考虑服装质量、洗涤、熨烫及后整理、储存等要求。

4. 缝纫线的性能要求

（1）具有一定的强度和强度均匀度；（2）缝线应光滑且细度均匀；（3）捻度适中；（4）缝纫线应柔软、富有弹性，无接头和粗节。

第三节　线迹与缝型

一、基本概念

针迹：缝针穿刺缝料时，在缝料上留下的针眼。

线迹：缝制物上两个相邻针眼间所配置的缝线形式。线迹是由一根或一根以上的缝线采用自链、互链、交织等方式在缝料表面或穿过缝料所形成的一个单元。

缝迹：多个线迹连接成为缝迹。

缝型：一定数量的布片和线迹在缝制中的配置形式。

二、缝迹

1. 分类

国际标准ISO4915中，线迹类型有六大类。国际标准化组织于1979年10月拟定了线迹类型标准［114915—81（纺织品——线迹的分类和术语）］，将服装加工中较常使用的线迹分为六大类，共计88种不同类型。我国亦于1984年制定了线迹类型的国家标准（GB4515—1984），等同于114915—81（纺织品——线迹的分类和术语）。

（1）100类——链式线迹，由一根或一根以上针线自链形成的线迹。其特征是一根缝线的线环穿入缝料后，依次同一个或几个线环自链。编号为101～105、107、108，共7种。

（2）200类——仿手工线迹，起源于手工缝纫的线迹。其特征是由一根缝线穿过缝料，把缝料固定住。编号为201、202、204～206、209、211、213、215、217、219、220，共13种。

（3）300类——锁式线迹，一组（一根或数根）缝线的线环，穿入缝料后与另一组（一根或数根）缝线交织而形成的线迹。编号从301～327，共27种。

（4）400类——多线链式线迹，一组（一根或数根）缝线的线环，穿入缝料后，与另一组（一根或数根）缝线互链形成的线迹。编号为401～417，共17种。

（5）500类——包边链式线迹，一组（一根或数根）或一组以上缝线以自链或互链方式形成的线迹，至少一组缝线的线环包绕缝料边缘，一组缝线的线环穿入缝料以后，与一组或一组以上缝线的线环互链。编号为501～514、521，共15种。

（6）600类——覆盖链式线迹，由两组以上缝线互链，并且其中两组缝线将缝料上、下覆盖的线迹。第一组缝线的线环穿入固定于缝料表面的第三组缝线的线环后，再穿入缝料与第二组缝线的线环在缝料底而互链，但601号线迹例外，它只用两组缝线；第三组缝线的功能是由第一组缝线中的一根缝线来完成。编号为601～609，共9种。

2. 国内常用线迹的性能与用途

（1）链式线迹，由一根或两根缝线串套连接而成，具有拉伸性好、生产效率高、单线链缝易脱散的特点，常用于缝制有弹性的织物和受拉伸较多的部位。单线链缝用于面粉袋、水泥袋等，双线链式人字线迹用于装饰部位，双线链式钎边线迹用于下摆边、裤口边的钎边。

（2）锁式线迹，由两根缝线在缝料中交叉而成，具有弹性小、缝迹整齐的特点。直线型锁式线迹用于领子、门襟、口袋、商标等要求平整不易变形的部位，曲折型锁式线迹用于针织服装或装饰衣边用，撬边锁式线迹用于裤口边、上衣底边、袖口边等。

（3）包缝线迹，一根或多根缝线相互循环串套在缝制物的边缘。具有弹性好、防脱散、防卷边、强度大等特点。单线包缝用于缝毯子边缘，两线包缝、三线包缝用于衣片包边、四线包缝用于外衣合缝和内衣受摩擦较强烈的部位，五线、六线包缝多用于外衣或补整内衣的缝制。

（4）绷缝线迹，两根以上针线和一根弯钩线互相串套而成，一般还另加一至两根装饰线，具有强力大，拉伸性好、防脱散、缝迹外观平整、美观等特点。常用于针织服装滚领、滚边、折边、绷缝、拼接缝、饰边等。

3. 缝型

按国际标准ISO4916，缝型标号由五位阿拉伯数字组成。第一位表示分类，第二位、第三位表示布片排列状态，第四位、第五位表示缝针穿刺部位和形态。缝型共分为8大类，如图1-3-1所示。

按形成缝纫形式的线迹形式和缝料的最少层数，缝纫形式分为8类。缝料可分为“有边限”的或“无边限”的。

（1）第1类，本类缝纫形式至少要由两层缝料来形成。而且两层缅料的一条边限在同侧，任何组成类似其两者之一的缝料或在两侧都有边限的都属此类。

（2）第2类，本类缝纫形式至少要由两层缝料来形成。这两层缝料各有一条边限，其中一层的一条边限在一侧，另一层的在另一侧。两层缝料不在一个平面上，边限对向相互重叠。任何组成类似两者之一的缝料或者两侧都有边限的都属此类。

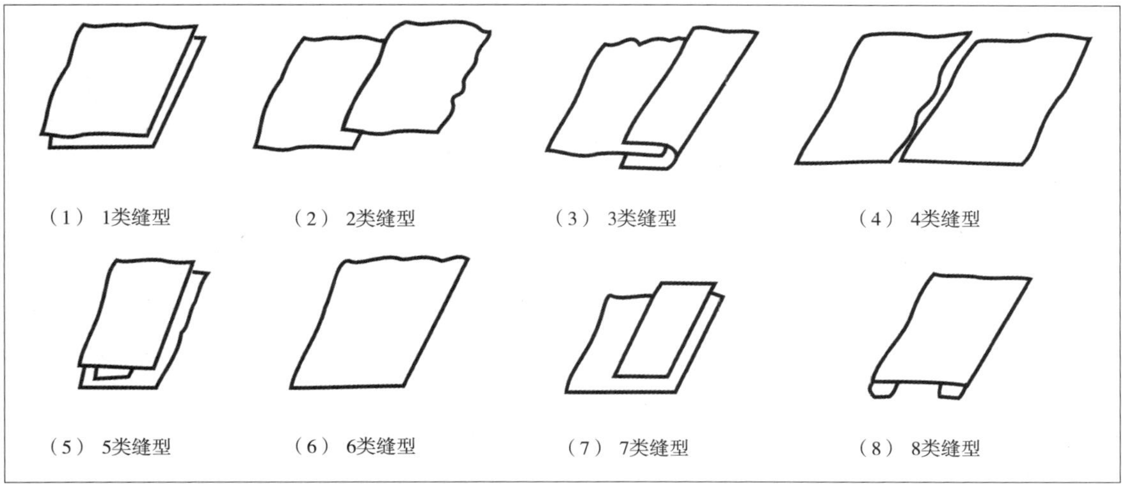

图1-3-1
8类缝型

（3）第3类，本类缝纫形式至少要由两层缝料来形成，一层的一条边限在一侧，另一层两侧都有边限，并骑跨前一层的边缘。任何组成类似其中之一的都属此类。

（4）第4类，本类缝纫形式至少要由两层缝料来形成，一层的一条边限在一侧，另一层的边限在另一侧，两层缝料处在同一平面上相对向。任何缝料类似其中之一的或两侧有边限的都属此类。

（5）第5类，本类缝纫形式至少要由一层缝料来形成，两侧都无边限。任何缝料一侧有边限的或两侧都有边限的都属此类。

（6）第6类，本类缝纫形式仅由一层缝料形成，并只在一侧有边限。

（7）第7类，本类缝纫形式至少由两层缝料形成，其中一层在一侧有边限，其他缝料在两侧都有边限。

（8）第8类，本类缝纫形式至少要由一层缝料形成，缝料两侧都有边限，其他缝料的两侧也有边限。应注意：有边限和无边限的区别及表示；缝型类别图示只表示出构成缝型的最少缝料层；缝型图示中，粗直线表示布料层，短直线表示针的穿刺；所有缝型都按最后缝合的情况标出，如图1–3–2所示。

图1–3–2
最后缝合的缝型

4. 影响缝迹牢度的因素

缝迹牢度指服装在穿着过程中，反复拉伸和摩擦，缝迹不被破坏的最大期限。其影响因素有：（1）缝迹的拉伸性，其取决于线迹的结构、缝线的弹性及缝迹密度；（2）缝迹的强度，取决于缝线强度、缝迹密度、线迹成形不良或跳针等疵点；（3）缝线的耐磨性，服装上拉伸性大的部位，常常因磨断缝线使缝边脱散，因此，服装厂多用耐磨性好的涤纶线、锦纶线以及涤棉混纺线。

第四节　缝制工艺技术质量要求

一、安全技术操作规程

（1）在开机之前，要严格检查机器各部位是否处于正常状态，检查工具、夹具与量具是否完好。

（2）在操作过程中严禁把手放到传动带中，严禁放入挑线杆和机针下面确保安全操作。

（3）在换取梭芯、梭套和穿线时，脚必须离开脚踏板。

（4）要注意保持油箱和机身的洁净，油量不得低于最低油标线，修工加油时按照规定加油。不得随意拆卸机器。

（5）在缝制产品过程中，要严格按照工艺技术要求进行操作。针码均匀，大小规范，线路顺直，严格控制公差。在流水操作中，不乱扔、乱放裁片。

（6）各道缝纫工序必须严格监督前道工序的质量问题，若发现质量问题，要及时停止向下道工序传递，并向班长汇报。

（7）离开机器时，一定要注意关机，不可空机等待。

二、针距密度要求

（1）缝线（包括无明线的暗线），每3cm为14～17针（视情况而定）。

（2）三线包缝，每3cm不少于9针，五线包缝每3cm不少于11针。

（3）手工针，每3cm不少于7针，肩缝、袖窿、领子不少于9针。

（4）手拱止口，每3cm不少于5针。

（5）三角针，每3cm不少于5针（以单面计算）。

（6）锁眼：细线，每1cm不少于12～24针（机锁眼）；粗线，每1cm不少于9针（手工锁眼）。

（7）钉扣：细线每孔8根线；粗线每孔4根线（缠脚线高度与止口厚度相适应）。

三、缝制工艺技术要求

（1）各部位线路顺直、整齐（起止回针牢固，搭头线长度适宜，无漏针、脱线），底、面线松紧适宜（与面料厚薄、质地相适应），平服美观。

（2）领头平服，不翻翘（有窝势），领子端正，领形要活，领角圆顺，左右对称，不变形，不吐止口。

（3）绱袖圆顺，前后基本一致，吃势均匀。

（4）衣片上不能有针板及送布牙所造成的痕迹。

（5）滚条、压条要平服宽窄一致。

（6）袋布的垫料要折光边或包缝。

（7）袋口两端打结可采用套结机或平缝机回针。

（8）商标位置端正，号型标志正确清晰。

（9）袋位准确，高低大小一致，袋盖无反翘，贴袋应圆顺，缉线宽窄一致，挖袋无毛边。

（10）前门襟止口顺直，左右长短一致，止口略向内吐。

（11）摆缝、袖缝无松紧现象，底边、袖口圆顺，贴边宽窄一致平服。

（12）对称部位基本一致（目测无明显差异）。

（13）驳头内外均匀平展，左右一致。

（14）裤子摆平，双腿长短、大小相同，侧缝不能过紧，无吊裆现象，线道宽窄一致，外观平整美观。

（15）锁眼不偏斜，扣眼与眼位相对应。

（16）钉扣收线打结须牢固。

（17）打结结实、美观。

第五节　粘合衬的分类、性能

服装的质量除了取决于结构、面料、工艺等因素外，在很大程度上还取决于服装的辅料，特别是衬布。目前各国生产高质量服装所用衬布大多是热熔粘合衬。热熔粘合衬简称粘合衬，是继棉衬、麻衬、毛衬、树脂衬等之后兴起的一种新型衬布。

一、粘合衬的分类

粘合衬是将热熔胶涂于底布上制成的衬，由于热熔胶和底布种类繁多，再加上制作衬布的方法不一样，所以，粘合衬分类较多，主要有以下四种分类方法。

1. 按底布种类分

按底布种类分，粘合衬分为：（1）机织粘合衬，一般用纯棉和棉与化纤混纺的平纹机织物。多用于中、高档服装。（2）针织粘合衬，一般采用涤纶或锦纶长丝经编针织物和纬编针织物。多用于针织和弹性服装。（3）非织造粘合衬，即无纺衬。可用一种纤维，也可用几种纤维混合而成，常用的有粘胶纤维、涤纶、锦纶、腈纶等，其中以涤纶和涤纶混合纤维较多。这种粘合衬多用于轻、薄面料的服装。

2. 按热熔胶种类分

按热熔胶种类分，粘合衬分为：（1）聚乙烯（PE）粘合衬，聚乙烯粘合衬又分高密度聚乙烯和低密度聚乙烯衬。前者多用于衬衣领，后者多用于经常高温水洗而很少干洗的服装。（2）聚酰胺（PA）粘合衬，这种粘合衬适用于多种面料的服装。（3）聚酯（PET）粘合衬，这种粘合衬具有较好的洗涤性能。（4）聚氯乙烯（PVC）粘合衬，这种粘合衬一般用于防雨服装。

3. 按热熔胶的涂布方式分

可分为撒粉粘合衬、粉点粘合衬、浆点粘合衬、双点粘合衬、薄膜涂布粘合衬等，它们是用仪器设备将热熔胶粉粘结在底布之上，或将热熔胶加热制成薄膜再压在底布之上，抑或将热熔胶制成薄膜再热压在底布之上制成的。其中双点粘合衬应用范围较广。

4. 按粘合衬的用途分

按用途分，粘合衬分为：（1）衬衣粘合衬，这类衬用于衬衫的领、袖、门襟等部位，要求水洗性能好。（2）外衣衬，指用于外衣前身、胸、下摆、领、袋盖等部位的衬，要求与服装面料相匹配。（3）裘皮衬，指用于皮革、裘皮和人造革服装上的衬，多采用较薄的非织造衬。（4）丝绸衬，指用于真丝绸和化纤丝绸服装等上的衬，要求薄而柔软，富有弹性。

二、粘合衬的性能

1. 粘合衬的作用

（1）使服装造型更挺括、美观，粘合衬的硬挺和弹性可使服装更笔挺，使折边线清晰平直，造型更令人满意。（2）使服装结构更稳定，粘合衬可使成衣面料抗拉伸，使服装在穿着时不易因受力而变形，可保持服装形状和尺寸的稳定。（3）使服装更耐穿，粘合衬使成衣增加了一层保护层，面料平挺、抗皱、抗拉伸，因而不易破损。（4）使服装洗后免烫，粘合衬与面料粘合在一起，使服装水洗后不变形，不起皱，不必熨烫，便于穿着。（5）便于服装加工，有些面料单薄而滑软，缝纫困难。粘合衬与面料粘结后，使面料平挺而易于加工、并便于大批量生产。

2. 选择服装所用粘合衬的原则

选择服装所用粘合衬的原则有以下几点。与面料的厚薄相适宜；与面料的色泽相配；与面料的耐热性相适宜；与面料的缩水率相近；与面料的风格、手感相符。

3. 使用粘合衬的注意事项

（1）粘合衬与面料粘合要牢固。

要正确掌握压烫温度、压力、时间，粘合时的压烫温度必须高于粘合剂的熔点温度，但温度过高则会产生渗胶现象，常见热熔胶的胶粘温度范围，可参考下表1-5-1：只要达到一定温度和压力，就可使粘合衬与面料粘合在一起，但压力过大对粘合无益，而且会影响服装面料的手感，造成表面极光。压烫工艺参数可参考表1-5-2。

总之，温度、压力、时间是压烫粘合衬的三要素。只要三者配合得当，就能得到理想的粘结牢度而又不渗胶、不起泡、没有被纹、平整挺括的效果。

表1-5-1 常见热熔胶的胶粘温度范围

热熔胶种类	熔点范围/℃	胶粘温度/℃
高压高密度聚乙烯（PE）	100～120	130～160
低压低密度聚乙烯（PE）	125～130	150～170
乙烯-醋酸乙烯共聚物（EVA）	75～90	80～100
外衣用聚酰胺（PA）	90～135	130～160
裘皮皮革用聚酰胺	75～90	80～95
聚酯	115～125	140～160

表1-5-2　压烫工艺参数参考表

粘合衬种类	涂布方式	温度/℃	压力/（Pa/cm²）	时间/s	备注
PA机织衬	双点	140～150	8.8×10^4～14.7×10^4	15	用于毛、棉织品高档大衣、西服等
PA机织衬	双点	130～145	4.9×10^4～9.8×10^4	15	薄型毛、棉织品，各部位
PA衬纬经编衬	双点	135～150	4.9×10^4～9.8×10^4	15	中薄型毛、棉织品，各部位
PA非制造衬	撒粉	120～160	3.45×10^4	4～16	涤纶等化纤面料
PA机织衬	浆点	145～160	19.6×10^4～34.3×10^4	15	涤纶等化纤面料
PA机织衬	双点	150～160	19.6×10^4～24.5×10^4	12～16	各种面料

（2）在裁剪或制作样板时要校准缩率，对面料放大。

无论是有纺衬或无纺衬，衬布要比面料四周小0.2～0.3cm，防止衬布超出面料而粘在熨斗或热熔机上。

（3）粘合衬的颜色要尽量与面料颜色一致，深色面料可配浅色衬，浅色面料不能配深色衬，否则会使成品出现人为色差。

（4）粘衬前衣片的位置一定要摆正，尤其是一些轻薄的衣料，要防止粘衬后衣片变形。做全衬时，要将面料铺平，然后进行粘衬，以免面料缝合成立体后难以粘衬。

（5）粘衬时熨斗走向可以从一端走向另一端，粘合面积较大时，应持熨斗从中间开始依次向四周粘合，不能由两端向中间粘合，以免产生四周固定，中间与衬大小不符的弊病。

（6）对柔软和较薄的面料在粘合前要进行点状熔接，以防止衣片与粘合衬移位，熨烫时不要将熨斗在衣料上来回移动，要用力垂直向下压烫，所压烫的部位停留5～10s，可根据面料与粘合衬的情况而定。

（7）粘合后要保持平放，自然冷却，不可随即折叠或堆压，以防止衣片变形。

（8）若粘合衬粘错而要揭掉时，试用熨斗重新在粘合的部位熨烫一遍，趁热将衬揭下，较大的部位一边熨烫一边剥离。

第六节　服装工艺专用符号

服装专用符号是构成服装工艺的重要组成部分。每一种专用符号均表示一种专用语言或技术要求，既简洁又明了，比文字表示更形象准确，从而取代了以往服装技术中烦琐的汉字说明。服装专用符号的应用，也便于国际间的技术交流，以及地域间同一专业企业的技术合作与产品技术鉴定。

一、服装熨烫工艺符号及名称

服装面料在裁制前应进行耐热测试，这在服装工业生产中是一道很重要的工序。测试后，要针对其特性注上熨烫符号，以便在工艺流程不同的熨烫工序中，按其能承受的能力和要求进行熨烫。熨烫工艺符号表示了熨烫方式和熨烫温度的要求，服装熨烫工艺符号如图1-6-1所示。注意符号中的温度数值，应根据相应面料的测试结果来填写。

二、服装缝纫工艺符号及名称

服装在各部位设计了不同的工艺结构、工艺造型。服装缝纫工艺用比较形象的符号，明确地表达所要采用的缝纫方式，是编制工艺文件中的缝制指示书时必不可少的一项重要内容。工艺流程各道工序的操作人员必须按照缝纫工艺符号所表示的缝纫方式进行操作。

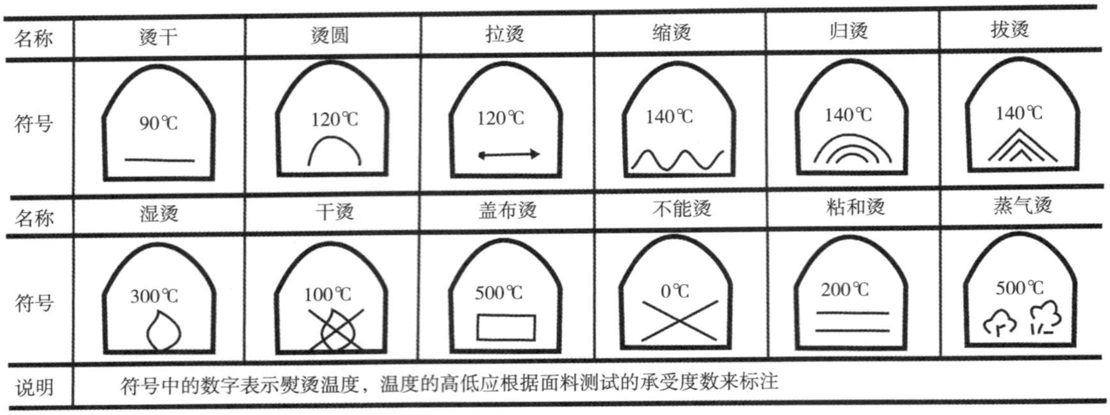

图1-6-1　服装熨烫工艺符号及名称

1. 服装手缝工艺符号及名称，如图1-6-2所示

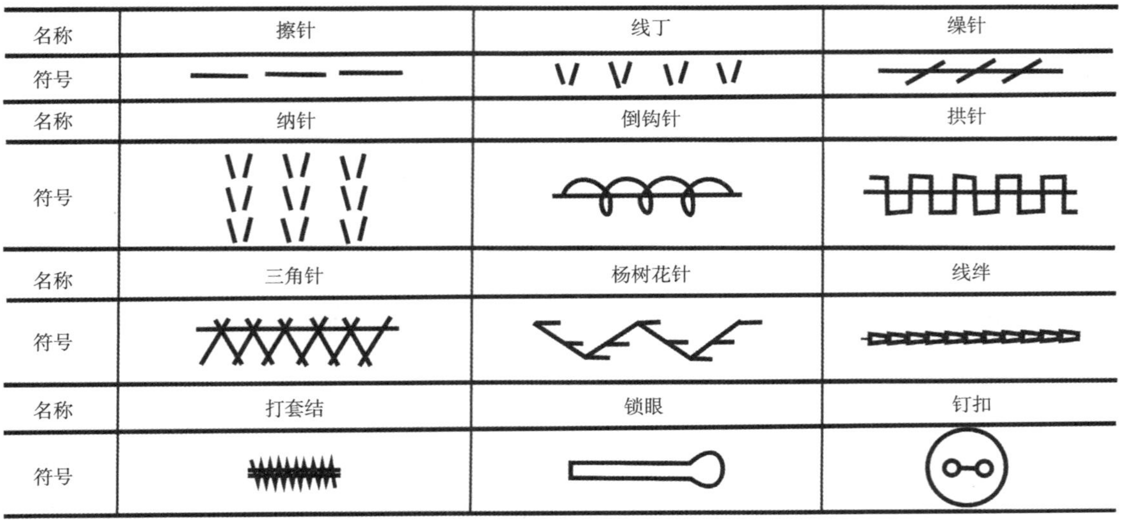

图1-6-2　服装手缝工艺符号及名称

2. 服装缝纫符号及名称，如图1-6-3所示

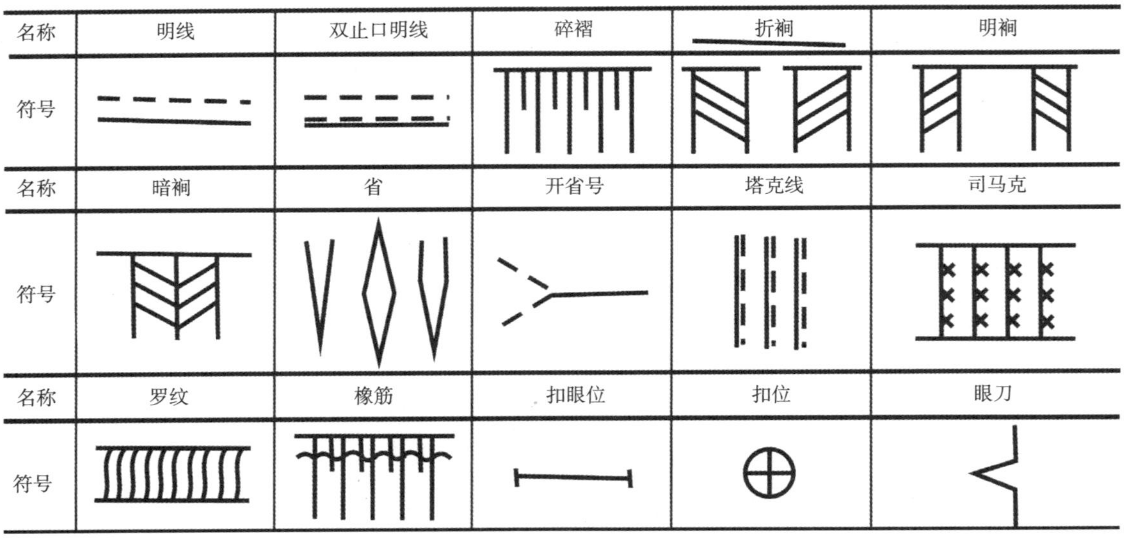

图1-6-3　服装缝纫符号及名称

思考与练习

1. 了解服装工艺名词术语。
2. 选择机针的原则是什么？
3. 缝纫线的选用原则是什么？
4. 国内常用线迹的性能与用途有哪些？
5. 针距密度要求有哪些？
6. 影响缝迹牢度的因素有哪些？
7. 粘合衬的作用是什么？
8. 怎样选用粘合衬？
9. 粘合衬粘合的三要素是什么？
10. 粘合衬熨烫的基本要领有哪些？

第二章
检查裁片

第一节　服装丝缕

在服装制作中，人们往往只重视服装款式、面料色彩、制作工艺等方面因素，而忽略了丝缕的性能差异对服装外形的美观性、实用性的影响，正确运用不同丝缕的性能，对于提高服装成品的质量起着重要作用。

一、服装丝缕的性能分析

服装材料来自各种织物，织物大都由经纱和纬纱交织而成，平行于布边的长度方向为经向或称直丝；垂直于布边的横度方向为纬向或称横丝；与经纬向成45°的方向为斜向称为斜丝。

丝缕是服装专业术语，它主要用来区分服装裁片所选取面料的经、纬方向。在整块的面料中只有经向和纬向之分，没有丝缕之别，只有在将其裁剪成衣片或各种部件时才会有丝缕的概念。当服装的衣片和零部件的长度方向与面料的经向平行时，称为直丝缕（直纱）；当服装的衣片和零部件的长度方向与面料的纬向平行时，称为横丝缕（横纱）；当服装的衣片和零部件的经纬纱处于该部件的45°放置时，称为斜丝缕（斜纱）。各种纱向都具有不同的性能，直纱的特点是挺拔、垂直、不易伸长变形，因此一般选作为服装衣片的长度部分，如衣长、裤长等，零部件一般选作防止拉伸的部位，如门襟、腰面等。横纱略有伸长变形特点，在围成圆势时自然丰满，一般用在服装衣片的围度以及与衣片丝缕相一致的部位，如领面、袋盖等。斜纱具有伸缩性大、富有弹性、容易弯曲延展、伸长等特点，容易变形，一般用于服装伸缩性较大的部位。

二、服装丝缕在服装中的应用

1. 直丝缕在服装中的应用

面料的经向与纬向的张力是有差异的，一般纬向大于经向，所以经向的抗拉伸强度、收缩率比纬向大。在服装中，上衣和裤子的主要裁片通常采用直丝缕，因为直丝缕的悬垂性好、挺括、承受的强度往往要比横丝缕大，穿着后上衣的门襟平服，裤子中缝垂直不走样。在部件方面，可运用直丝缕拉伸强度大的特性加强某些部位的承力强度。某些止口部位贴边采用直丝缕可改变止口横丝缕的伸长率以避免止口豁开，加强承受横向扩张力的强度，下装的腰头通常采用直丝缕。又如上衣育克部位，分割后通常选用直丝缕，主要是为了改变肩背部的力学关系，以加强横向的承力强度，某些需要承受较大拉伸强度的带状部件也常采用直丝缕，如各类服装的腰带、束带、吊带等。另外，利用直纱张力小的特点获得良好的定形效果。用有些结构松散、回弹性较弱的面料制作服装时，在肩缝等受力关键的部位缝份内缉贴直丝缕牵条，可加强这些部位的受力强度；上衣的前后袖窿处利用直丝缕做牵带可使该部位平服、挺括、不变形；各种挖袋的嵌条，袋口的贴边也常用直丝缕以获得较好的形态稳定性，利用直丝缕的收缩性处理里外层，形成自然圆曲状的层次关系。如西服领的领面一般采用横丝缕，在下口领座部分，样板经分割后运用直丝缕的收缩性来改变层次关系，里层选用直丝缕，外层选用横丝缕，经缝制整烫后，受湿热作用丝缕会发生收缩，且里层丝缕收缩率大于外层，这样就可获得自然的层次关系，形成圆曲状，能较好地适合颈部的曲度。

2. 横丝缕在服装中的应用

横丝缕相对于直丝缕具有较好的伸长性，但是绝大部分面料纬纱的拉伸强度相对较弱，表现为横丝缕的承受能力相对比直丝缕差些，所以，服装承受力较大的部位不宜选用横丝缕。横丝缕的柔软性比直丝缕好，翻领常选用横丝缕来制作，翻折后，领面外观平服，不易出现领面瘪陷的现象，因为横丝缕的伸长性较好，在缝制时具有一定的松紧宽容性，不易出现皱褶。选用横丝缕做袋盖能使袋盖自然贴身，一般上衣的包袖窿布条也选用横丝缕。所以，在服装中应特别注意，先分析款式，再合理运用丝缕性能，使服装样板更加准确。

3. 斜丝缕在服装中的应用

在服装工业制板中，除一般采用经纱或纬纱以外，还可合理运用丝缕性能进行斜丝缕裁剪，简称斜裁。此法裁剪可以使服装的衣裙悬垂非常自然柔和，合身效果好。裁片在垂直悬挂时，织物的经向和纬向的张力增大，可充分发挥面料剪变性的所有优点。面料的剪变性是指经纱和纬纱的变形率。面料在受到张力后恢复的程度是很重要的，剪变性大而组织结构紧密的梭织面料，在进行斜纱方向裁剪时能保持较好的稳定性，使服装达到较好的效果。剪变性大而组织结构疏松的面料，在受到拉力时会有较大的变形，如丝、麻面料。另外45° 正斜丝，丝缕的最大特性是伸长率高，通常用于弧形等形态较复杂部件的镶边、嵌边、滚边、贴边、包边等。利用斜丝缕的伸长性可以较容易地收紧止口，并且富有弹性，如悬垂领、波浪领等采用斜丝缕来制作可以增添服装美感。

近几年服装市场上流行的各种斜裁裙，特别是正斜裁（45°）裁剪的连衣裙和利用条纹斜裁拼接的半截裙，造型生动活泼，具有良好的适体性，非常受消费者的青睐。但在大批的工业生产中，斜纱向的控制相对比较困难，成衣造型视觉窄瘦，有些衣片变形，下摆缝处不平服。因此在服装工业制板中，应注意纸样摆缝处的展开量和完成之后的整体效果，确保裁剪的正确性。

三、丝缕在服装生产中应用的技术规定

服装标准化是组织现代化服装生产的重要手段，是服装工业制板的重要依据，服装国家技术标准对丝缕在服装工业生产中的运用有明确的规定。

1. 上衣

前衣片经纱以门襟为准，不允许倾斜；后衣片经纱以背中线为准，倾斜不大于1cm，条格面料不允许倾斜；袖子经纱以前袖缝为准，大袖倾斜不大于1cm，条、格面料袖口处向前不允许倾斜；小袖倾斜不大于1.5cm，条、格面料袖口处不允许倾斜；领面纬纱倾斜不大于1cm，条、格面料不允许倾斜；袋盖与衣片纱向一致，斜料左右对称。

2. 裤子

前裤片经纱以中心线为准，倾斜不大于1.5cm，条、格面料不允许倾斜。后裤片经纱以中心线为准，左右倾斜不大于2cm，条、格面料左右倾斜不大于1.5cm；裤腰头经纱倾斜不大于1cm，条、格面料不允许倾斜。

另外，还应注意面料本身的纬斜，纬斜是指面料的纬纱不与经纱垂直，呈偏斜的状态。一般色织格料经纱纱向允许倾斜的程度，即纬斜率不得大于3%。简便的计算方法是斜纱允许倾斜的最大值 = 衣片宽 × 纬斜率3%。如果实际倾斜程度大于计算出来的纬纱允许倾斜的最大值，即不符合国家标准。

丝缕在服装工业制板中的运用是一项实践性很强的应用技术，尤其是在高科技面料日新月异的今天，更应该尽快掌握。它对提高成品服装的质量及价值起着重要作用，可以更好地促进国内服装品质的不断提高，增加服装的附加值，增强服装在国内外市场中的竞争力。

第二节　标记符号

一、定位标记

为了方便制作，在裁片上用钻眼和打剪口的方法来表示样板中的省位、省的大小，褶位、褶的大小，袋位、袋口的大小，缝份、折边的宽窄以及各部位的吻合点等位置，这些样

板上的钻眼和剪口称为定位标记。

定位标记钻眼一般打在样板的内部，钻眼基本能反映各种部件的位置和大小；钻眼点应向内少许，避免缝制后钻眼点外露，在样板中，钻眼与实际定位点是一致的。

剪口打在样板的边缘部位，主要用来反映省（裥）位、缝份、贴边大小及其他边缘部位的位置和大小，剪口深度应小于缝份，一般为缝份的一半为宜。

图2-2-1、图2-2-2为衣片袖窿的吻合点的确立，图2-2-3为侧缝吻合点的确立，图2-2-4为下裆缝吻合点的确立。

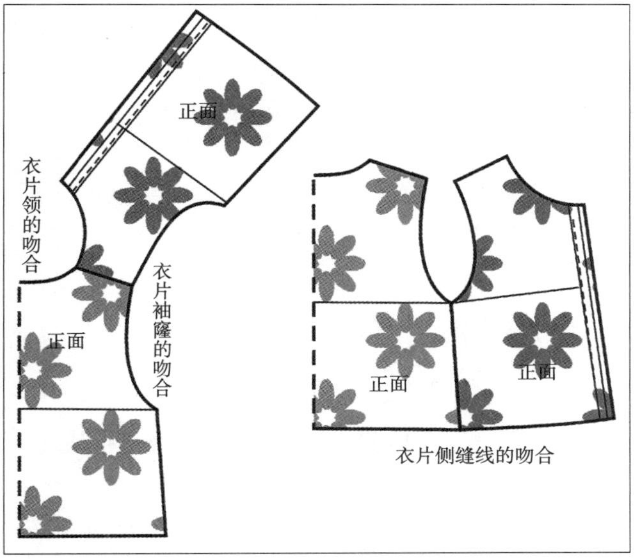

图2-2-1　衣片袖窿的吻合点的确立1

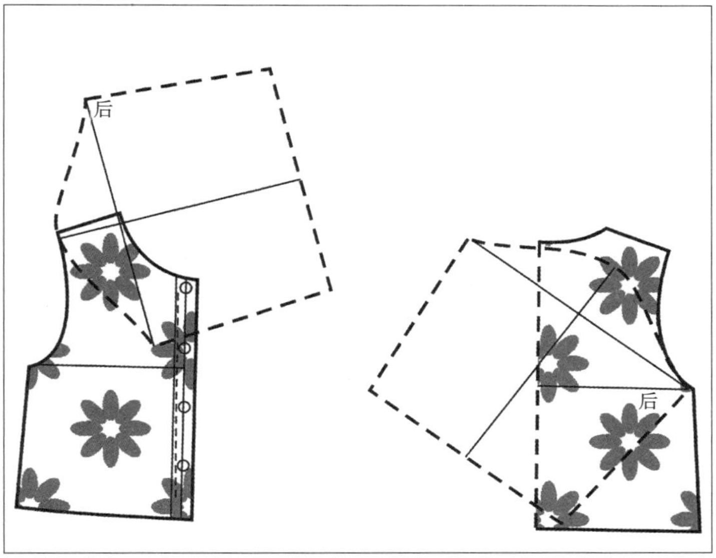

图2-2-2　衣片袖窿的吻合点的确立2

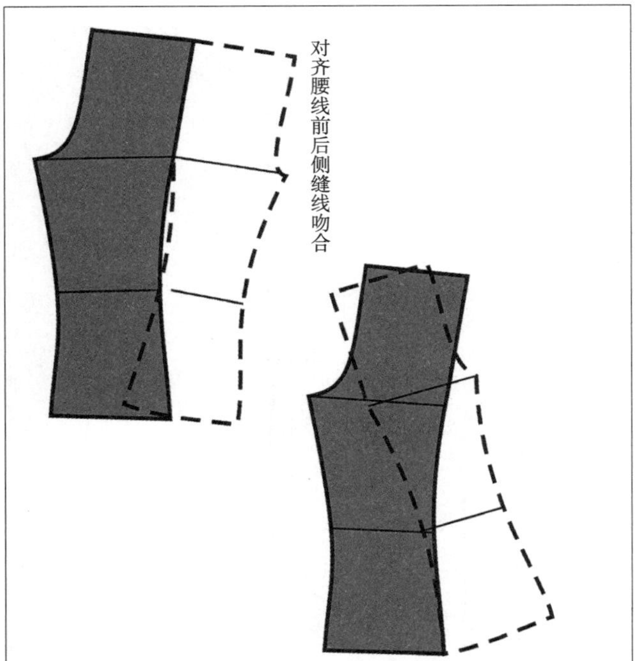

图2-2-3　侧缝吻合点的确立

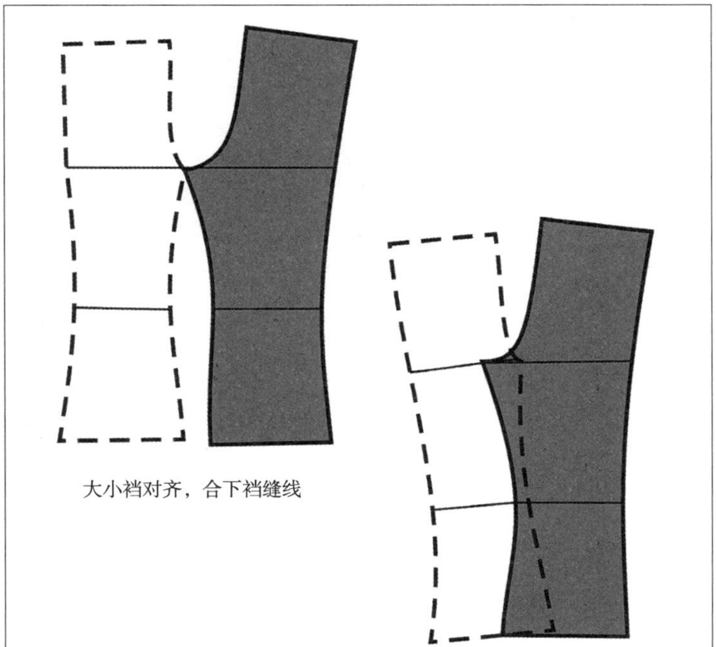

图2-2-4　下裆缝吻合点的确立

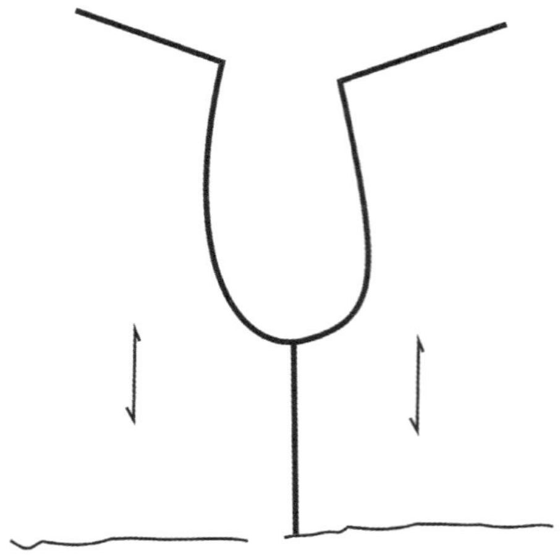

图2-3-1　前后衣片袖窿的组合

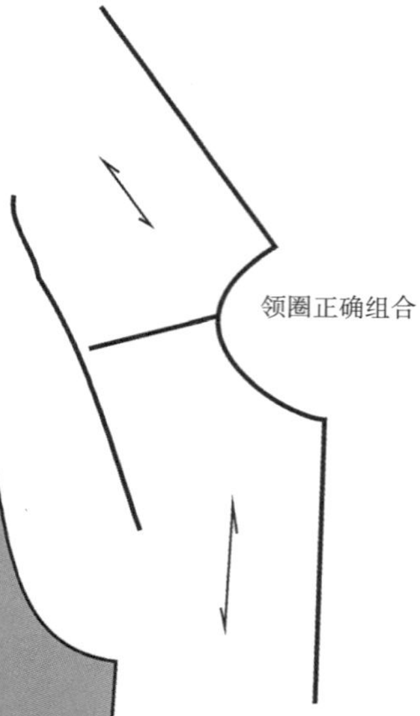

图2-3-2　前后衣片领口的组合

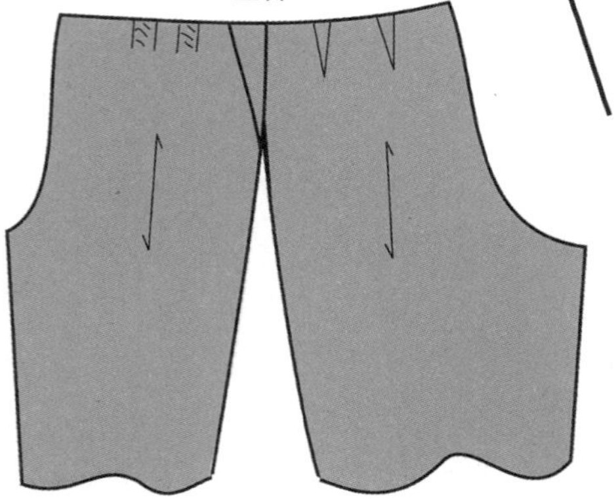

图2-3-3　前后裤片侧缝的组合

二、丝缕标记

丝缕标记是标明样板（或裁片）丝缕取向的一种记号，多以经向符号表示。样板的各个部位都应做出丝缕标记。

三、对称标记

服装中对称轴比较长且连折的对称部位，样板通常只制1/2，如后衣片、男式衬衫的过肩等，对称轴必须作出醒目的连折单点划线标记。样板边口涂上树脂，止口的缝份盖止口章。

第三节　校对裁片

一、复核裁片数量

在缝制以前，必须对全套裁片进行认真细致地清点复核，包括号型、款式、规格尺寸、零部件配置、大小块数量，按要求进行检查，确认没有丝毫误差、缺短时，才能进行制作。

二、校对裁片

校对裁片各部位的组合关系，如下图所示，图2-3-1为前后衣片袖窿的组合，图2-3-2为前后衣片领口的组合，图2-3-3为前后裤片侧缝的组合，图2-3-4为前后裤片下裆缝的组合，图2-3-5为后裤片腰口的组合。

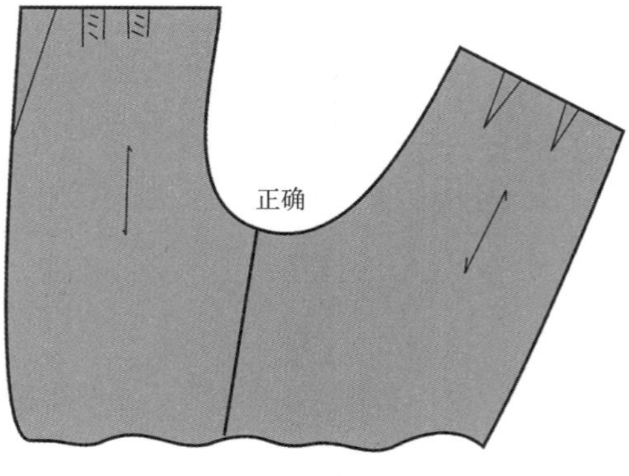

图2-3-4　前后裤片下裆缝的组合

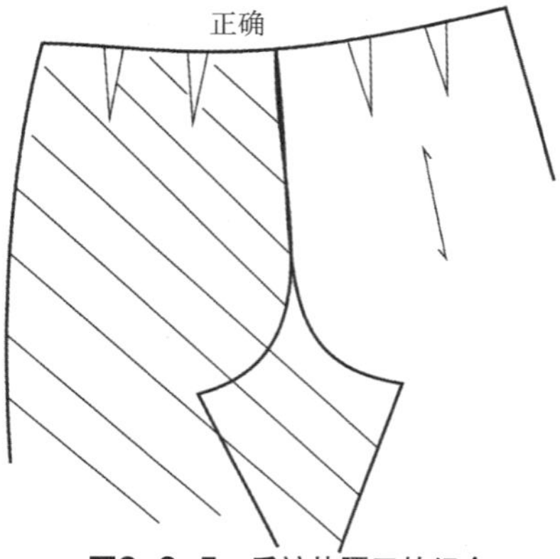

图2-3-5　后裤片腰口的组合

排料以免反光，但不允许在一件（条）或一套服装上有倒光、顺光的排料。

第四节　特殊衣料划样

一、倒顺毛、倒顺光衣料排料划样

倒顺毛是指织物表面绒毛有方向性的倒伏。划样前应先了解倒顺毛的方向，绒毛的长度，倒顺向的程度及款式的具体要求。例如：灯芯绒原料的绒毛很短，采取逆毛做，可使产品色泽美观。有些原料绒毛较长，如人造皮毛之类的原料，则采取顺毛做，一是防止积灰尘，二是使绒毛滑顺美观。产品不论是顺做还是逆做，共一顺排料总是费料的，对短绒毛倒向不明显的原料或者没有明确要求顺做和逆做的原料（如一般粗纺呢绒、灯芯绒），为了节约原料可采用一件倒划、一件顺划的方法。

排料分以下三种情况处理。

1．顺毛排料

对于绒毛较长、倒伏较重的衣料，如顺毛大衣呢、人造毛皮、兔毛呢等，必须顺毛排料划样，以免倒毛排料显露绒毛空隙而影响外观，而且容易聚积灰尘。

2．倒毛排料

对于绒毛较短如灯芯绒织物，为了毛色顺和，应采用倒毛（逆毛向上）排料。

3．组合排料

对一些绒毛倒向不明显或没有明确要求的衣料，为了节约衣料，可以一件倒排、一件顺排进行套排划样。但是，在同一件产品中的各个部件、零件中，不论其绒毛长短和倒顺程度如何，都应与主件的倒顺向一致，而不能有倒有顺。领面的倒顺毛方向，应使成品的领面翻下后与后衣身绒毛的倒向保持一致方向。

4．倒顺光排料

有一些织物，虽然不是绒毛状的，但由于整理时轧光等关系，有倒顺光，即织物的倒与顺两个方向的光泽不同。一般均采用逆光向上

二、倒顺花衣料的排料、划样

服装面料的花型图案基本上分为两大类。一类是没有规则、没有方向性的花型图案，俗称“乱头花”、“乱花样”。对这种花型衣料排料、划样和素色衣料基本相同。另一种花型图案是有方向性、有规则的排列形式，如倒顺花、阴阳格、团花等图案，要根据花型特点进行排料、划样。

倒顺花是指有显著方向性的花型图案，如人像、山、水、桥、亭、树等不可以倒置的图案。划样时必须保持图案与人体直立方向一致，应顺向划样，不能一片倒、一片顺，更不能全部倒置划样，如图2–4–1所示。

另外有些面料，是专用花型图案，如用于女裙、女衫上。排料不但专用性强，而且排划的位置也是基本固定的，如某些裙料，裙摆一端是专用图案，花型密集，颜色较重，越往上色越浅、花越稀。对于这类衣料，在排料划样时，位置一定要固定。

图2–4–1
倒顺花排料、划样

三、对花衣料排料、划样

对花是指衣料上的花型图案，经过缝制成为服装后，其明显的主要部位组合处的花型图

案，仍要保持一定程度的完整性或呈一定的排列。对花的花型，一般是丝织品上较大的团花，如龙、凤及福、禄、寿字等不可分割的团花图案。

排划对花产品，首先要计算好花型的组合。如前身两片在门襟前要对花，在划样时要划准。对花的主要部位有两前襟、背缝、袖中缝，领后对背中，口袋对衣身等。由于花型图案的大小、距离各不相同，在排料划样时应首先安排好胸部、背部花型图案的位置和间隔。一般要把图案和花型在前门襟及背缝上取中切合以保持花型完整。具体要求如下。

（1）花型图案不得颠倒，有文字的按主要文字图案为标准，无文字的按主要花纹、花型为准。

（2）花型图案倒顺处理，花型有方向性的要全部顺向排划。花型中有倒有顺，但其中文字图案则力求顺向排划。花纹中大部分无明显倒顺，但某一主体花纹、花型不得倒置排划。花纹中有倒有顺或全部无明显倒顺，允许两件套排一例一倒顺，但在同一件内不可有倒有顺。

（3）前身左右两衣片在胸部位置的排花、团花要求对准。

（4）两袖的排花、团花要对称，前身的排花、团花、散花可以不对。

（5）团花和散花的排划，只对横排不对直排。

（6）对花允许误差，排划高低误差不大于2cm，团花拼接误差不大于0.5cm。

四、对条对格原料的划样

（一）上衣对条对格

1. 对条对格部位

左右门里襟，前后衣片侧缝与肩缝，袖与衣片，后衣片背缝对横格，左右领角和衬衫的左右袖口应对称。后领面与后背中缝条相对准，驳领的挂面两片条格对称，大小袖片对准横格，同件衣袖左右对称。大小袋与衣身对格（斜格除外），左右袋对称，左右袋口嵌条对称。

2. 对条对格方法

（1）前、后中心线、对条格：前、后中心线是条格的对称轴，取直丝方向。有搭门的前衣片划样时应格外注意，保持条格的完整、美观，如图2-4-2所示。有背中缝的款式，使背宽线以上条格完整，如图2-4-3所示。

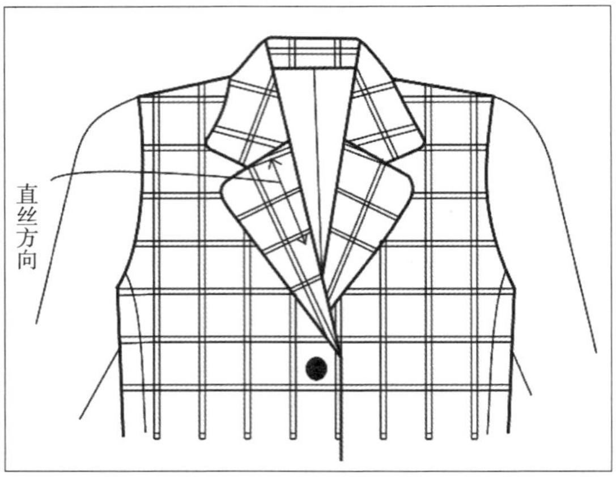

图2-4-2　对条对格方法1

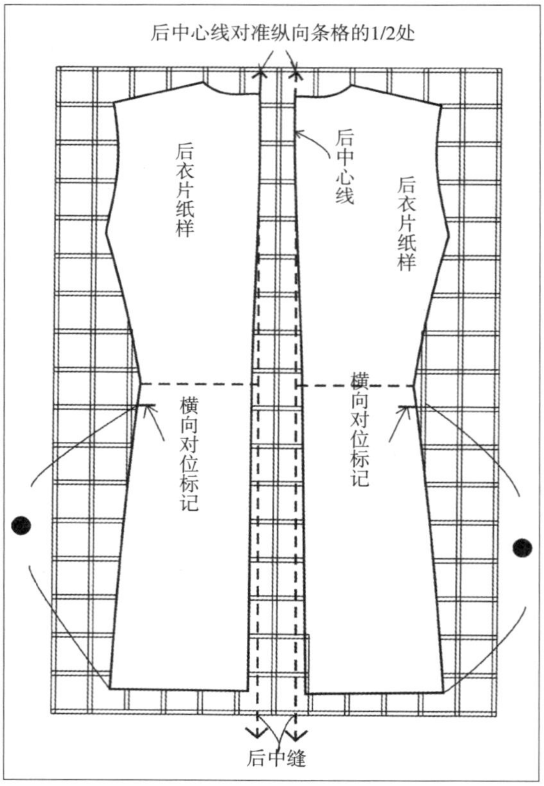

图2-4-3　对条对格方法2

（2）侧缝、肩缝、分割缝、袖缝对条格：这些部位要求对横不对竖。高档产品的肩缝应对准竖条格。每两片的接缝处应尽量保持主条格的完整美观，如图2-4-4、图2-4-5所示。

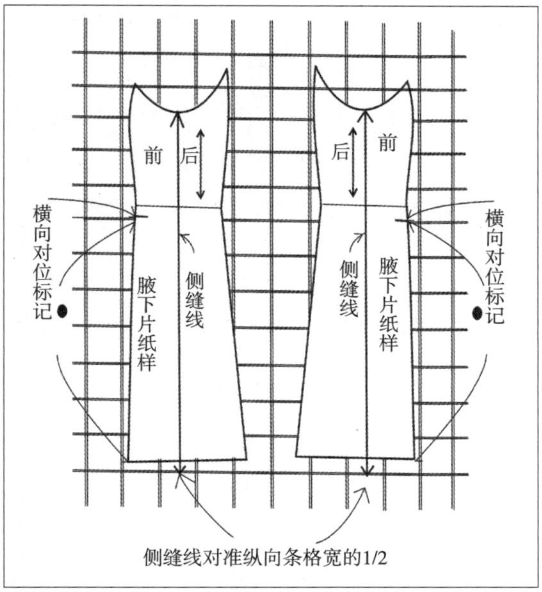

图2-4-4　对条对格方法3

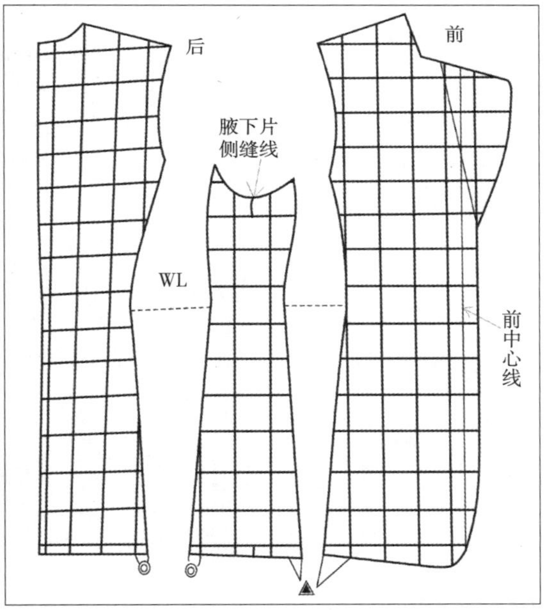

图2-4-5　对条对格方法4

（3）衣袖与衣身对条对格：衣袖与前后衣身对准横格，外观有完整感。划裁方法是大袖的袖标点与前身的袖标点对准即可。但要求将重要的横格置于肩端点向下10cm左右处，这样可增加视觉的美感，如图2-4-6、图2-4-7所示。

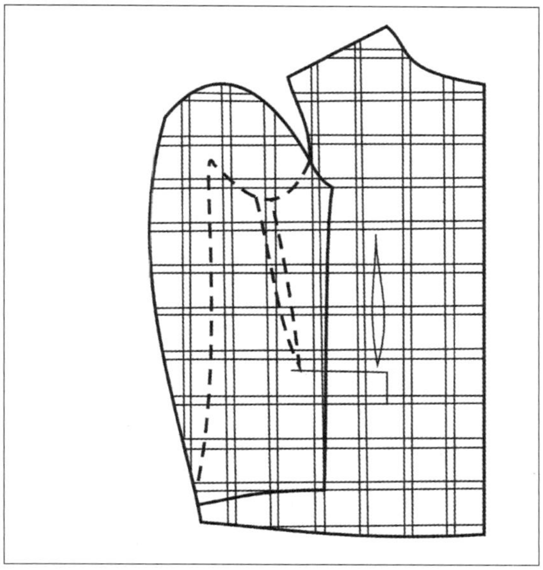

图2-4-6
对条对格方法5

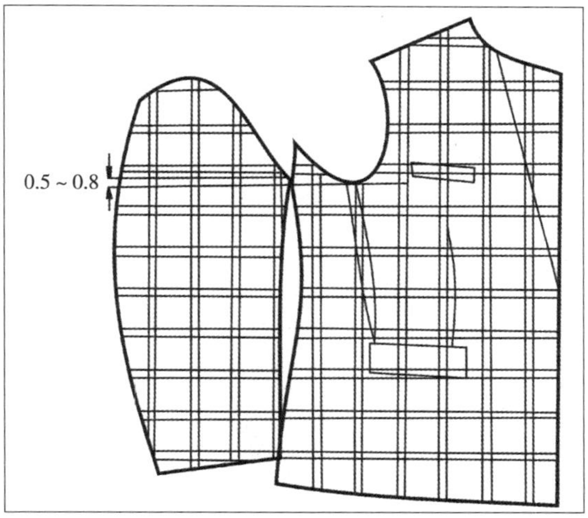

图2-4-7
对条对格方法6

（4）衣领对条对格：后领中心与背中缝对准使条格与后身相符，领前部的条格对称、完整、美观，高档产品需使驳头与领前对条格，如图2-4-8、图2-4-9所示。

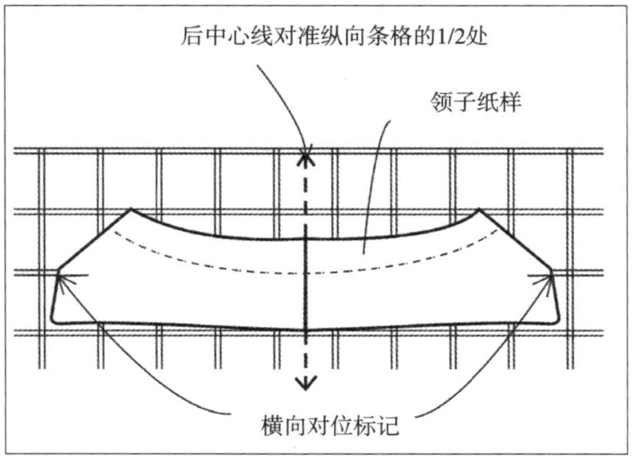

图2-4-8
对条对格方法7

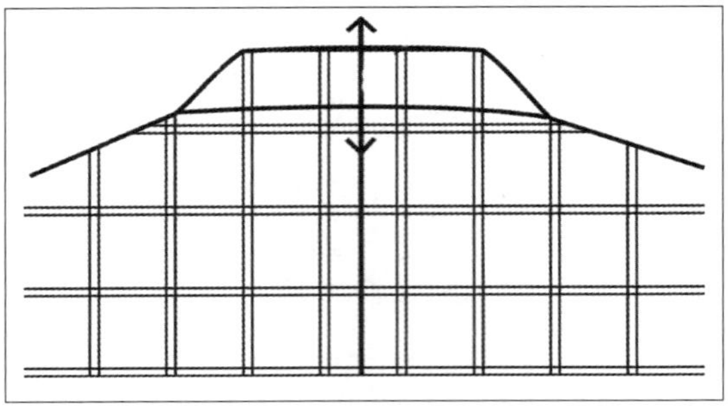

图2-4-9　对条对格方法8

（二）裤子对条对格

裤子的对条对格方法比较简便，对格部位：侧缝、下裆缝（中裆以下）、前上裆缝、后上裆缝。左右腰面条格对称，两后袋、两前斜插袋与大身对横格，左右对称。对格要求基本与上衣相同，这里不赘述。

由于对格费工时，费原料，因此在实际生产中应根据原料的价值和服装款式以及具体要求，在对条格范围和程度上应有所不同。

思考与练习

1. 服装丝缕在服装中的应用?
2. 倒顺毛、倒顺光衣料如何排料?
3. 对花衣料如何排料?
4. 上衣如何对条对格?

第三章
折裥裙制作工艺

第一节 放缝、排料

一、外形概述

装腰头，前、后身左右各设三个折裥，折裥上部缉线，右侧缝开门处装隐形拉链，如图3-1-1所示。

二、放缝

前、后片：腰口、侧缝处放1cm，底边处放3cm，如图3-1-2所示。

三、辅料

（1）拉链：长约20cm的隐形拉链一根。

（2）腰头衬：大小同腰面。

（3）纽扣：直径为1cm的纽扣一粒。

四、算料、排料

如图3-1-3所示，门幅：110cm；规格：净臀围90～96cm；用料：裙长×2。

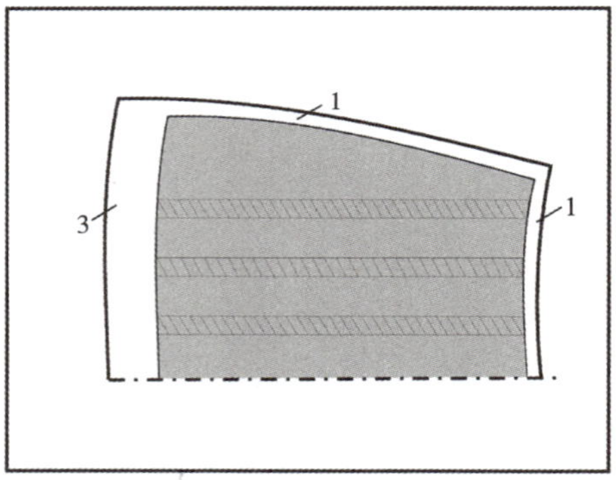

图3-1-2 放缝

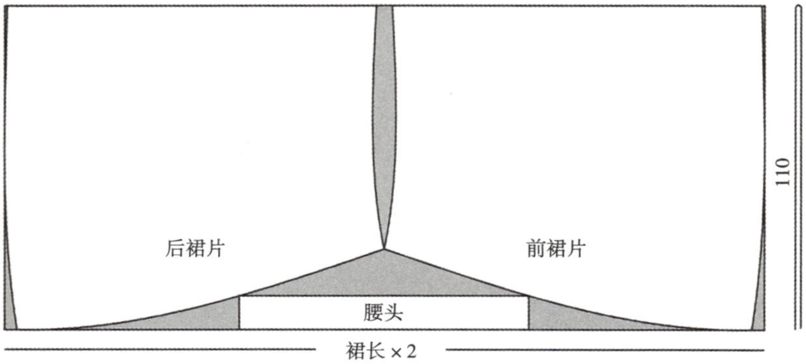

图3-1-3 算料、排料

单位：cm

图3-1-1 折裥裙外形

第二节 折裥裙缝制工艺

一、工艺流程

做标记→锁（拷）边→缉前、后裙片折裥→缝合侧缝→装拉链→做、装腰头→卷底边→锁眼、钉口→整烫

二、操作步骤

1. 做标记

根据不同面料的需要，选择打线钉、划粉线、剪眼刀等方法做缝制标记。

裙片：在裥位、裥封口高低处选择划粉线方法做标记。

2. 锁（拷）边

前、后裙片除腰节外，其余三边都锁边，若底边卷边则不要锁边。

3. 缉前、后裙片折裥

操作时，应先在衣片上用划粉划出折裥部位标记，然后用熨斗烫出折裥的折痕，并用手针定缝，使折裥固定，最后再缝纫。大部分的折裥都是上端缝牢，下端松散。缝好后折裥可用熨斗烫平、烫煞，遇到熨斗易打滑的布料，要垫上纸，熨烫时不要推烫，要压烫，如图3-2-1（1）（2）所示。

图3-2-1　缉前、后裙片折裥

4. 缝合侧缝

右侧缝缉线至开门装拉链封口处，之后烫分开缝；开门处两边也把缝头扣转烫平；为防止门襟还口，可沿贴边线粘牵带一根。左侧缝可在装好拉链后再缝合。

在平缝时，用右手稍向后拉伸下层衣片，左手稍向前推送上层衣片，使上下层衣片同步前进，要保持上下层松紧一致，上下缝头宽窄一致。

5. 装拉链

►第一步：固定拉链。用熨头将拉链轻烫，然后用手针将拉链固定在衣片上，缝头与衣片缝头要一致。

►第二步：绱拉链。利用单边压脚安装拉链，缉线要紧贴拉链的边缘，缉线要顺直、拉链要平服，如图3-2-2所示。最后将拉链从下口轻轻拉出，装好拉链后，衣片要平整、不露空隙，拉链开闭自如，条、格面料要左右对称。

6. 做、装腰头

►第一步：做装腰标记。在腰头下口做装腰标记。在中点、侧缝对位部位打0.3cm深的眼刀。

►第二步：烫腰头。腰头反面朝里对折，向腰面方向烫平。

►第三步：装腰头。先核对裙片腰围尺寸是否符合规格要求。腰面的对裆标记对准裙腰口对应位置，腰头在上，裙身在下，正面相对，缝头对齐，从门襟开始向里襟方向，注意在腰口折裥处向上拎一把，使折裥下口拼拢，防止豁开。腰头可略紧些，以防还口，如图3-2-3所示。腰面装上后，腰面、腰里正面相叠，腰头封口，注意里外均匀。

图3-2-2
绱拉链

图3-2-3
做、装腰头

▶第四步：压缉腰头。将腰面翻正，腰里放平，正面缉0.1～0.15cm明线，压缉腰面下口时，注意下层腰里带紧，防止起链，也可在正面腰下口缉，别落缝（灌缝），如图3-2-4所示。

完成后，腰头宽窄顺直一致，无链形，腰口不松开。

7. 卷底边

先将贴边按线钉或粉印折转，并将贴边毛边向内折光，折入的宽度为0.5cm左右，之后沿边缘缉0.1cm的缝，如图3-2-5所示。

8. 锁眼、钉扣

先确定好纽眼的位置，离止口1.2cm，眼大按纽扣直径长短放0.1cm。针脚整齐，表面平整，不露衣服毛丝，平头要方正。钉扣线可用单线，也可用双线，两孔纽扣的缝线可以是一字形，四孔纽扣的缝线可以是平行二字形、交叉形或口字形，与纽眼的位置要对应。

9. 整烫

▶第一步：烫平、压薄裙贴边。熨烫时熨斗不要超过贴边宽，以免正面出现贴边印痕。

▶第二步：烫侧缝、折裥、腰面、腰里。

注意：正面熨烫均要盖上水布，喷水烫平。熨烫时，熨斗直上直下地烫，不能用熨斗横推。熨斗的走向应与衣料的丝道一致，以免裙子变形走样。要烫平、烫煞，切不可烫黄、烫焦。

图3-2-4
压缉腰头

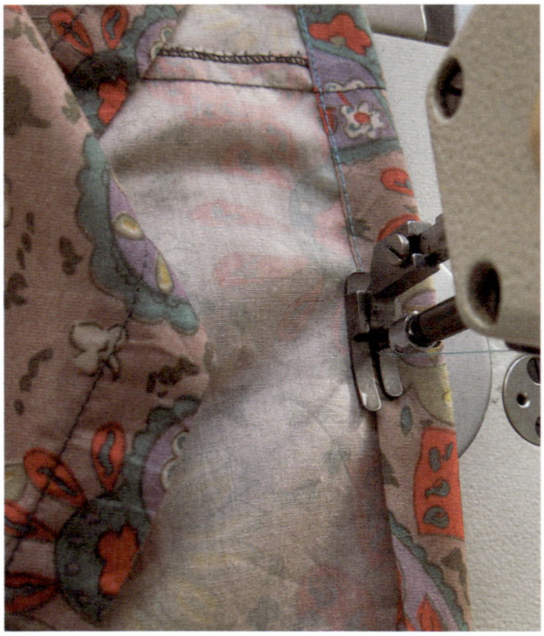

图3-2-5
卷底边

三、女裙质量要求

（1）各部位规格准确、用料正确。

（2）腰头宽窄一致，里、面平服。

（3）拉链平服，长短适宜。

（4）各条缉线顺直，不吃不伸。

（5）折裥封口要平服，活裥部分不能豁开或搅拢。

（6）外观整洁，无脏、线头、粉印等。

（7）熨烫平挺，无焦、黄、极光、折印等。

小窍门

巧缝软料弧形下摆

软料服装如波浪裙，裙摆量较大，在臀围处较贴体，裙子在纵向形成波浪，因此在面料的选择上应采用轻薄、悬垂性良好的织物，对于较厚实的面料应采用45°斜裁面料。软料（弧形）下摆较难处理，操作的过程中容易出现起链的现象，究竟该如何处理软料（弧形）下摆呢？

软料（弧形）下摆较难处理，若采用直接卷边的方法来处理，下摆处极易出现链形。为了避免在操作的过程中出现起链的现象，离裁片边缘0.3cm先平缝一道，针距可以稍大些，其目的是防止卷边拉长、变形；之后将毛边向内折光，折入的宽度为0.5cm左右，沿边缘缉0.1cm。缝制时，左手将物片稍向后拉伸，右手稍压折边，控制好折边的宽度，如图3-2-6（1）（2）所示。

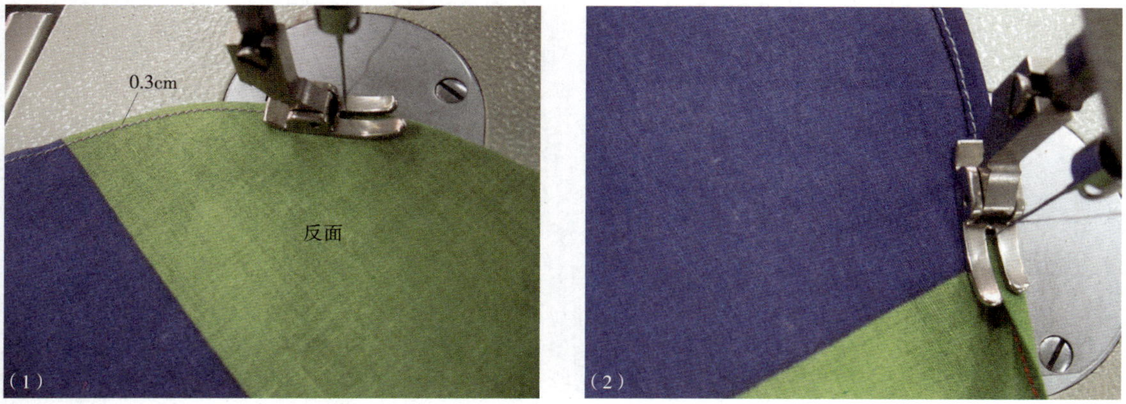

图3-2-6
处理软料弧形下摆

思考与练习

1. 叙述折裥裙的工艺流程。
2. 怎样烫裙折裥?
3. 自行设计、制作一款裙子。

第四章
袒领节裙

第一节　放缝、排料

一、外形概述

祖领，底领与翻领为整片，翻折线同领口的形状，底领高1cm，领头角度及领下角为方形；泡袖，后身门里襟处锁眼、钉扣；节裙，裙片上下连接处采用搭缝，有碎折，如图4-1-1所示。

图4-1-1　祖领节裙外形

二、放缝

如图4-1-2所示，前片：领口、肩缝、袖窿、底边处放1cm。后片：领口、肩缝、袖窿、底边处放1cm，止口处由搭门宽向外放出4cm贴边宽。裙片：一周放缝1cm。领片：一周放缝1cm。

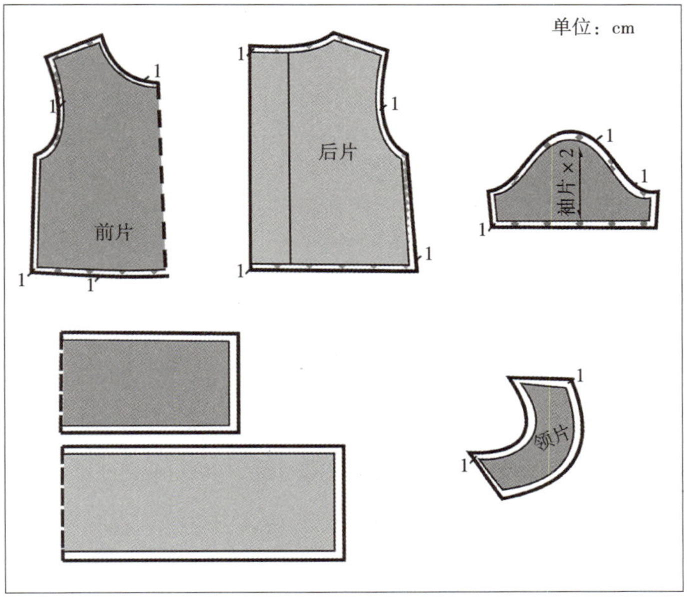

图4-1-2
放缝

三、辅料

直径为1cm的纽扣三粒。

四、算料、排料

如图4-1-3所示，门幅：110cm；规格：胸围90～96cm；用料：衣长+袖长+裙长×1.5。（注：如果裙子的碎褶较密，用料需增加）

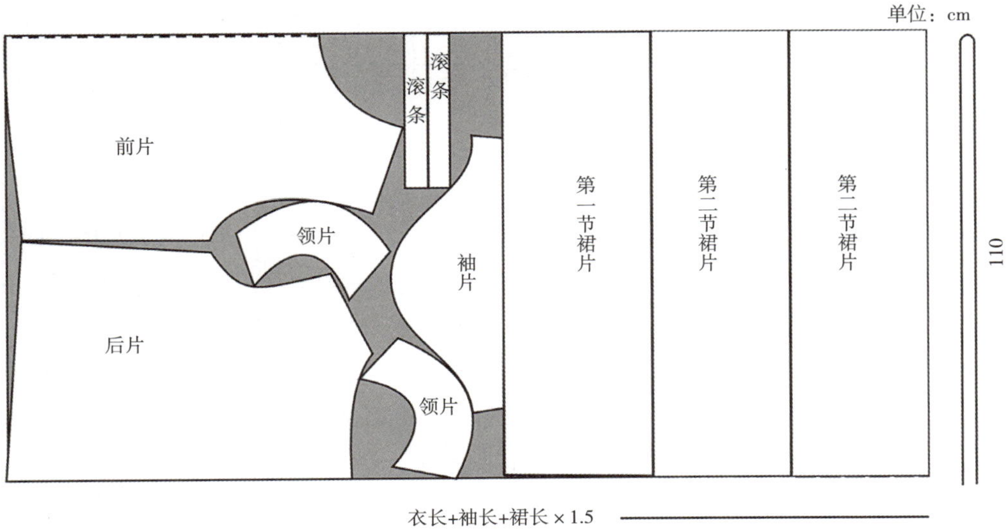

图4-1-3
算料、排料

第二节　袒裙缝制工艺

一、工艺流程

做标记→烫门里襟→缝合肩缝→做领→装领→做袖→装袖→滚袖口→缝合侧缝→做节裙→缝合腰口→锁纽眼、钉纽扣→整烫

二、操作步骤

1. 做标记

前片：领口中点；后片：搭门宽；袖片：袖山中点。

2. 烫门里襟

烫门里襟宽窄按眼刀，从上口处向下烫，丝道顺直，上下宽窄一致，如图4-2-1所示。

3. 缝合肩缝

将前、后衣片的正面相对缝合肩缝，缝头为1cm，缝合时前衣片放在上层，后衣片放在下层；之后将前后肩缝一起锁边，并把缝头倒向后衣片烫平。要注意肩缝为斜丝道，熨烫时不要将其拉变形。

4. 做领

►第一步：核对领片。领面，根据样板一周放缝1cm，采用斜丝道，如果面料较薄，在领面的反面粘衬。领里，根据样板一周放缝1cm，采用斜丝道。领口45°斜条布，长为领大+2cm，宽3cm。

图4-2-1 烫门里襟

►第二步：缉领。在领里的反面划样，之后将领片上下层正面相对，把领面放在最下层，根据划好的领样缉合领子，在领角处不可缺针与过针，要留有0.3cm左右的松量，使之产生自然的窝势，要做到领角不外翘，领面不可有链形，如图4-2-2所示。

►第三步：烫领。将领子翻到正面烫平，领面比领里多出0.1cm，在领子下口划出肩缝、领后中对位点，根据款式的需要外领口可缉明线，最后将左右领固定在一起，如图4-2-3所示。

图4-2-2　缉领

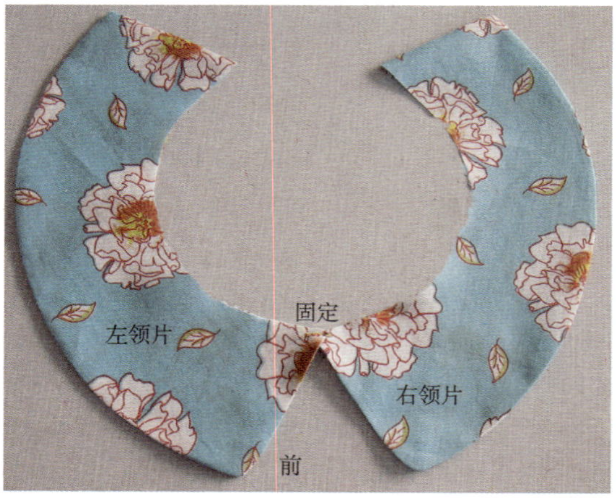

图4-2-3　烫领

5. 绱领

►第一步：装领。将挂面与衣片的正面相对，领面的正面朝上夹在挂面与衣片中间，在绱领点处放入领子，如图4-2-4所示。

►第二步：缉斜条布。由止口处起针，离挂面1cm处将斜条布对折放入，斜条布、挂面、领面、领里、衣片一起缉牢，缝头为

0.8cm，缉线离斜条布烫折线0.5cm，线缉要圆顺，左右领子要对称，如图4-2-5所示。

►第三步：修剪领口。为了使领口圆顺，整齐、美观，减少领口的厚度，要修剪领口缝头，留0.3cm，如图4-2-6所示。

图4-2-4　装领

图4-2-5　缉斜条布

图4-2-6　修剪领口

►第四步：压领口明线。将衣片摆平服，斜条布向下折转，沿着止口压0.1cm明线，领子要服帖，领角不外翘，领底圆顺，明缉线整齐、均匀、无跳线、浮线、漏针现象，如图4-2-7（1）（2）所示。

图4-2-7
压领口明线

6. 做袖

先用缝纫机在袖山处长针脚车缉一道，或用手缝针针法缝一道，缉线不要超过缝头的宽度，因为此线一般不拆掉，为了便于细褶的固定，可用双线固定。把线抽紧形成自然的细褶，在袖山头部位多抽一些，要把泡泡袖的特点做出来，如图4-2-8所示。

7. 装袖

把袖片放在下层，大身放在上层，也可把袖片放在上层，大身放在下层，便于掌握细褶的疏密程度，大身与袖片的正面相叠，袖窿与袖片比齐，袖山头眼刀对准肩缝，肩缝倒向后衣片，缝头宽为0.8～1cm，如图4-2-9所示。

图4-2-8
做袖

图4-2-9
装袖

8. 滚袖口

先根据款式、袖口的围度抽袖口，中间部位细褶较多。将滚条毛边扣光对折，烫转一边缝头0.7cm为第一道，再烫转另一边缝头0.5cm为第二道，净宽为0.8cm，注意里比面要多出0.1cm，如图4-2-10（1）所示。之后将袖片的正面朝上，采用夹缝的方法绱滚条，缝头为0.6cm，明缉线离烫折线0.1cm，如图4-2-10（2）所示。完成后的袖口滚条宽窄要一致，明线要均匀，如图5-2-10（3）所示。

9. 缝合侧缝

将前后衣片的正面相对，前衣片放在上层，后衣片放在下层缉合，缝头为0.8～1cm，起止针要缉来回针，衣片上下层要比齐、长短一致，之后两层一起锁边，如图4-2-11所示。

图4-2-10 滚袖口

图4-2-11 缝合侧缝

10. 做节裙

►第一步：锁边。用密拷机将裙片一周锁边，线迹要均匀、整齐。

►第二步：裙片抽碎褶。先用缝纫机在袖山处长针脚车缉一道，或用手缝针针法缝一道，然后把线抽紧，形成自然的碎褶，碎褶疏密均匀，注意第一节裙片与衣片腰口围度一致，第二节裙片与第一节裙片的底边围度一致，如图4-2-12所示。

►第三步：拼接节裙。将第一、二节裙片的正面朝上，缝头相搭，按照抽碎褶线迹缉线，由于抽碎褶的线迹针脚较大，缉完后也可将其拆掉，如图4-2-13所示。

►第四步：缝合节裙侧缝。将节裙正面相对，按照1cm的缝头缝合，第一、二节裙片搭缝处要对位。

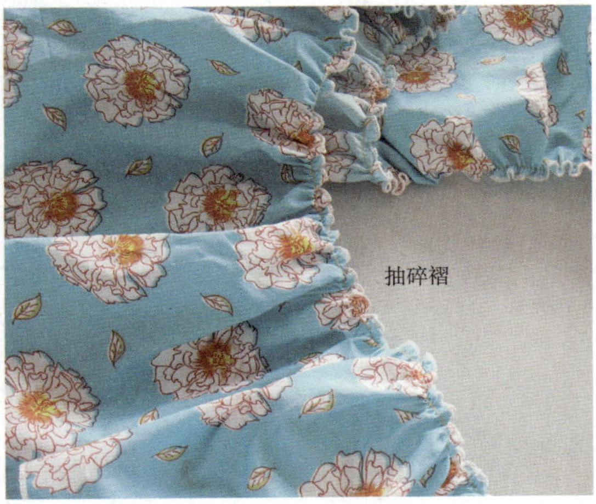

图4-2-12 裙片抽碎褶

图4-2-13 拼接节裙

11. 缝合腰口

►第一步：将后衣片摆平，搭门重叠1.5cm，长短比齐，下端固定，把腰围调整到成品尺寸，如图4-2-14所示。

►第二步：先将衣片腰口处锁边，第一裙片上口围度调整为衣片腰口围度，如图4-2-15所示。之后将衣片的正面朝上，节裙腰口处缝头搭在衣片上，按照抽碎褶线迹缉腰口，拼接的方法如图4-2-13。

图4-2-14
缝合腰口1

图4-2-15
缝合腰口2

12. 锁纽眼、钉纽扣

先确定好纽眼的位置，按照门襟的长度等分，离止口1.2cm，眼大按纽扣直径长短放0.1cm。针脚整齐，表面平整，不露衣服毛丝，平头要方正。钉扣线可用单线，也可用双线，两孔纽扣的缝线可以是一字形，四孔纽扣的缝线可以是平行二字形、交叉形或口字形，与纽眼的位置要对应。

13. 整烫

整烫前先将线头剪干净，若有污渍，要先清洗干净。

▶第一步：根据领口的形状，把领口烫圆顺，领片烫平服。

▶第二步：将侧缝缝头倒向后衣片烫平。

▶第三步：把裙身摆放好烫门里襟，遇到纽扣要在纽扣旁边熨烫，不要把熨斗放在纽扣上，特别是塑料纽扣，避免与高温熨斗接触。

▶第四步：把裙身摆放好，细褶放均匀、理齐，用熨斗横推熨烫。

小窍门

锁扣眼时，防止缝线一紧一松

锁纽眼时，缝线若采用双线，在缝制的过程中，缝线会出现一紧一松的现象，究竟该如何解决呢？为了避免这一现象的出现，在缝衣针的尾端，分别将手针从两根缝线中穿过，这时在两根缝线之间就形成了一个很小的结，可以防止在缝制的过程中，缝线出现一紧一松、交织在一起打结的现象，由于线结小，也不会影响缝线顺利的入布，如图4-2-16（1）（2）所示。

三、袒领连衣裙质量要求

（1）各部位规格准确、用料正确。

（2）领头宽窄一致，里、面平服不倒吐。

（3）各条缉线顺直，不吃不伸。

（4）碎褶均匀、整齐。

（5）装袖圆顺，左右对称。

（6）外观整洁，无脏、线头、粉印等。

（7）熨烫平挺，无焦、黄、极光、折印等。

图4-2-16 锁扣眼时，防止缝线一紧一松

思考与练习

1. 如何制作、安装袒领？
2. 裙片抽碎褶时应注意些什么？
3. 烫碎褶时应注意些什么？
4. 练习制作袒领，领头部位自行变化。

第五章
弧形腰女裤制作工艺

图5-1-1　弧形腰女裤外形

第一节　放缝、排料

一、外形概述

弧形腰头；前腰无折裥；后腰加育克、明贴袋；弧形插袋；正开门，装拉链，如图5-1-1所示。

二、放缝

如图5-1-2所示，前、后裤片：脚口处放4cm，其余各部位按照样板一周放1cm。腰头：按照样板一周放1cm。

三、辅料

（1）腰头衬：采用无纺衬，大小同腰里、腰面。

（2）兜布：采用美丽绸、薄棉布等面料，长25cm左右，宽32cm左右。

（3）四件扣或裤钩一副。

（4）拉链：一根，长为18～22cm。

四、算料、排料

如图5-1-3所示，门幅：144cm；规格：臀围100cm；用料：裤长＋10cm（臀围超过110cm，每大3cm，女裤另加3cm料，男裤另加6cm料）。

说明：有卷脚的应多加7cm料。

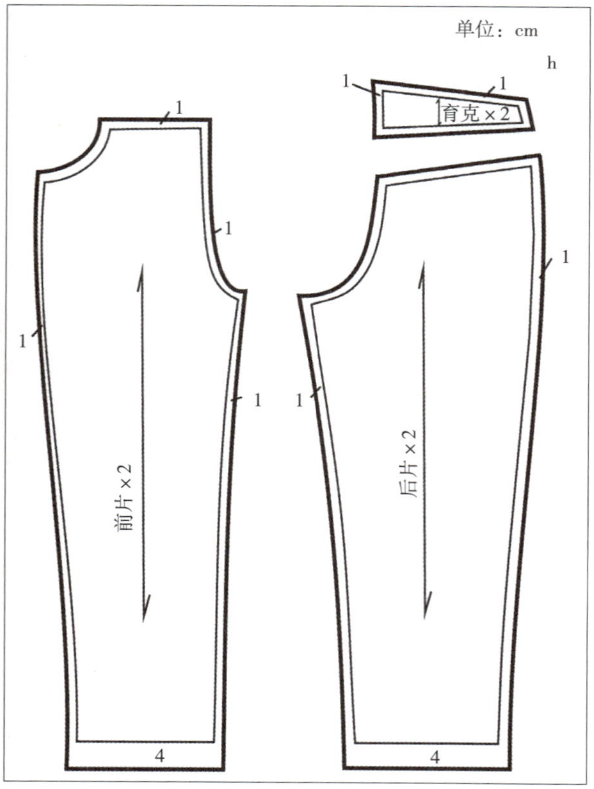

图5-1-2　放缝

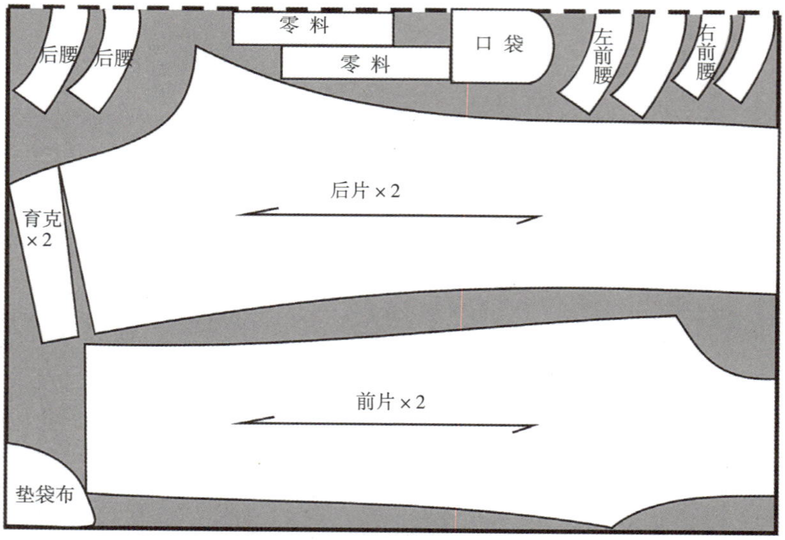

图5-1-3　算料、排料

第二节　前、后裤片工艺

一、工艺流程

缝合育克→贴后袋→装侧袋→缝合侧缝→安装拉链→缝合前、后裆缝→缝合下裆缝

二、操作步骤

1. 缝合育克

将育克的正面与后裤片的正面相对，按照1cm的缝头缝合。缝合时育克放在上层，裤片放在下层，之后两层一起锁边，缝头倒向育克方向将其烫平服，如图5-2-1（1）（2）所示。

2. 贴后袋

►第一步：烫袋。将口袋上口锁边；依据样板将一周缝头扣烫。在熨烫前也可先用缝纫机在圆角周围长针脚车缉一道，或用手缝针拱针针法缝一道，然后把线抽紧，使圆角处收拢，缝头自然折转。之后根据样板烫袋，袋底处要烫圆顺，不可有折裥现象如图5-2-2所示。

►第二步：贴袋。先将袋口毛边向内折光，沿边缘缉2cm、0.1cm的明线两道。之后在后裤片的正面袋位处贴袋，钉袋高低和进出必须按要求盖没钻眼0.3cm，位置要放正，不歪斜，从右起针，沿着口袋的边缘缉宽0.1cm明线，线迹要整齐，均匀，如图5-2-3（1）（2）所示。

图5-2-1　缝合育克

图5-2-2　烫袋

图5-2-3　贴袋

3. 装侧袋

▶第一步：检查裁片。如图5-2-4（1）（2）（3）所示。袋口：兜布小半片袋口的弧线形状与前裤片要一致。垫袋布：大小参考袋口弧度，比袋口弧线宽出2cm左右。

▶第二步：缉垫袋布。将垫袋布的下口锁边，正面朝上与兜布的大半片上缉缝，如图5-2-5所示。

▶第三步：缝合袋口。将兜布的反面朝上，与前裤片的正面相对缉合袋口，缝头为0.6cm，注意不要将袋口拉变形，如图5-2-6所示。

▶第四步：缉袋口明线。将兜布翻到前裤片的反面，袋口处烫平后缉0.1cm、0.4cm宽明线两道，明线的宽度也可根据衣服的款式、兜口的形状自行设计，如图5-2-7所示。

▶第五步：缉兜底。将兜布的正面与正面相对缉兜底，缝头为0.6cm，如图5-2-8（1）。之后把兜布对折摆平，固定口袋的上端，如图

图5-2-4 检查裁片

图5-2-5 缉垫袋布

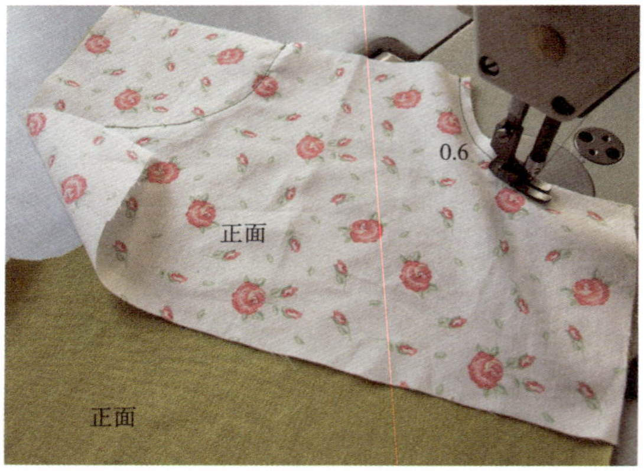

图5-2-6 缝合袋口

图5-2-7 缉袋口明线

5-2-8（2）（3）所示。

4. 缝合侧缝

►第一步：将前后裤片正面相对，外侧缝对齐并对准腰口、中裆和裤口。右侧缝从袋下口开始缉缝，缉至裤口；左侧缝从裤口开始缉缝，缉至袋下口；再由袋上口缉至腰口，缉线要顺直，上下层松紧一致，缝头为1cm，缉线的起、止点要回针，然后将侧缝锁边，如图5-2-9（1）（2）所示。

►第二步：将侧缝缝头倒向后裤片，在后裤片侧缝处压0.1cm明线。完成后，袋口的松紧要适宜；兜布正、反面要平服；明缉线宽窄一致，线迹要均匀，如图5-2-10所示。

5. 安装拉链

►第一步：锁边。将长为20～22cm，宽为6～7cm的里襟对折后将止口锁边。将长为

图5-2-8 缉兜底

图5-2-9 缝合侧缝1

图5-2-10 缝合侧缝2

20cm左右，宽为3.5～4cm的门襟贴边反面粘衬，外弧线三线锁边。如图5-2-11（1）（2）所示。

▶第二步：绱里襟。将拉链的正面朝上固定在里襟上，注意里襟不能有链形，与拉链的松紧要适宜，线迹要顺直，如图5-2-12（1）所示。根据拉链的长短，将右裤片前裆缝头熨折到反面，把拉链、里襟放在右裤片的下层，在右裤片的正面缉0.1cm明线，要注意止针的位置，如图5-2-12（2）所示；之后在止针处打0.8cm深的剪口，把小裆缝头放平，如图5-2-12（3）所示。

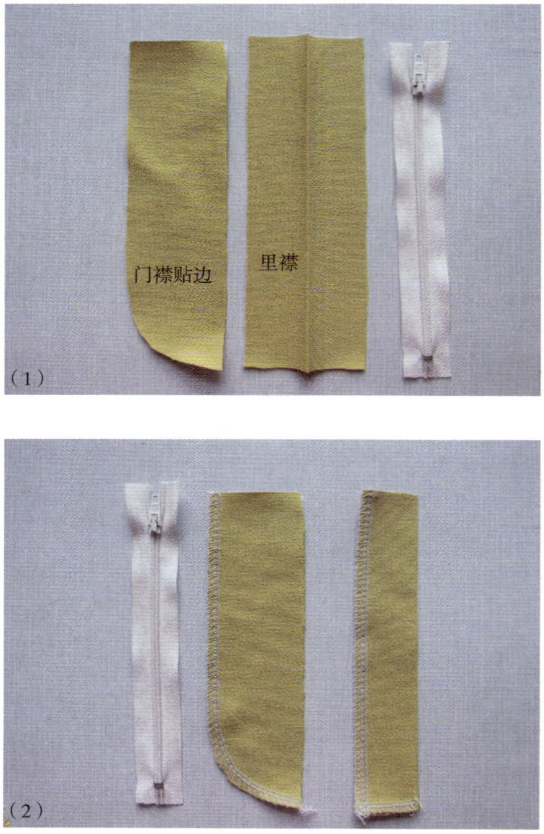

图5-2-11　安装拉链

图5-2-12　绱里襟

▶第三步：绱门襟贴边。将左裤片的正面与门襟贴边的正面相对缉合门襟贴边，缉线宽0.8cm，如图5-2-13（1）所示。为了防止门襟贴边反吐，将缝头倒向门襟贴边方向烫平，注意不要出现亮光和焦黄现象；在门襟贴边止口处暗缉0.1cm明线，如图5-2-13（2）所示。

▶第四步：缝合小裆。将左、右裤片的正面相对，上、下层比齐缝合裆缝，缝头为1cm，起针位置在右裤片剪口处，如图5-2-14（1）（2）所示。

▶第五步：将门襟贴边与拉链的位置摆正，把拉链的另一边缉在门襟贴边上，注意拉

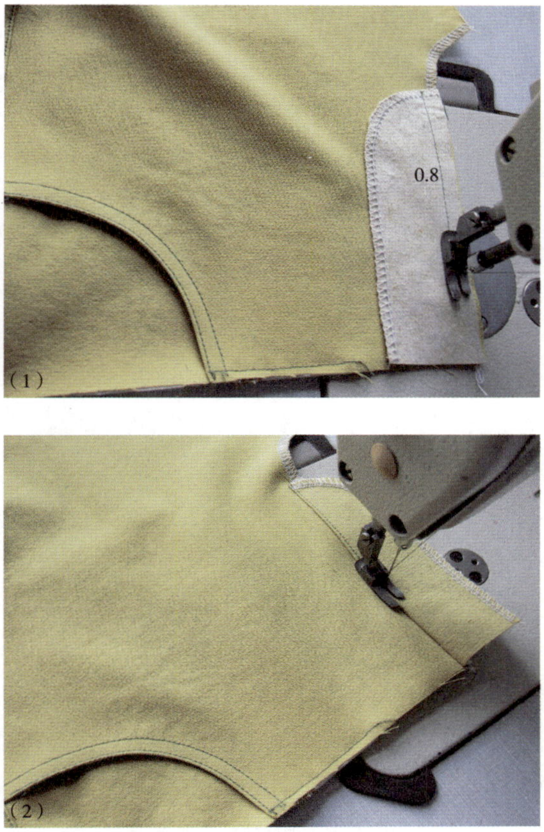

图5-2-13　绱门襟贴边

图5-2-14　缝合小裆

链离门襟贴边明线0.6cm，如图5-2-15所示。

▶第六步：在左裤片正面缉2.5cm宽的明线，缉明线上段时将里襟移开，在拐弯处将里襟下端放平，与里襟一起缉合封小裆，封小裆时可用缝纫机缉来回针，也可用套结机打套结，或者用手工针打套结。线迹宽窄一致、美观，面、里平服，如图5-2-16（1）（2）所示。

图5-2-15　将拉链缉在门襟贴边上

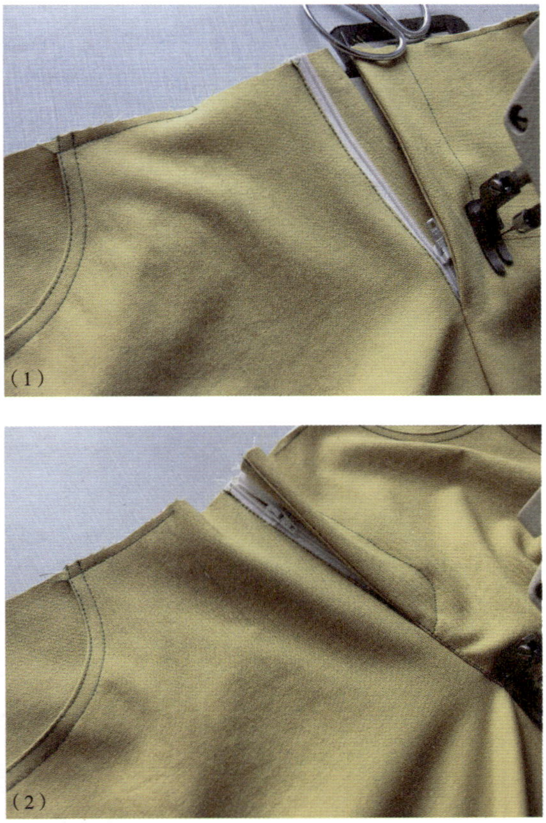

图5-2-16　与里襟一起缉合封小裆

6. 缝合后裆缝

将左、右后裤片的正面相对，上、下层比齐缝合后裆缝，缝头为1cm，起始针回针，如图5–2–17（1）所示；之后，在正面缉0.1cm明线，缝头的倒向与前裆缝一致，如图5–2–17（2）所示。

7. 缝合下裆缝

►第一步：将左、右裤腿正面相对，下裆缝对齐，裆缝端点、中裆、裤口对准。右裤腿从下向上，左裤腿从上向下缉缝，后片裆弯向下10cm处稍吃，要求缉线要顺直，中裆以上缉双线，缝头为1cm，如图5–2–18所示。

►第二步：前后下裆缝一起锁边；之后倒烫下裆缝，大裆10cm处不要伸开，前裤线不要烫散，如图5–2–19所示。

图5–2–17　缝合后裆缝

图5–2–18　缝合下裆缝

图5–2–19　前后下裆缝一起锁边

第三节　做、装腰头

一、工艺流程

做腰头→装腰头→卷脚扣→锁眼、钉扣

二、操作步骤

1. 做腰头

►第一步：核对样板。后裆缝与样板中点对准，前、后片腰口与样板一致；特别是前裤片，门、里襟处，右腰头比左腰头长出2.5～3cm（里襟宽），如图5–3–1（1）（2）所示。

►第二步：烫衬、划样。先将腰衬（无纺衬）粘在腰面、腰里的反面，注意腰衬要放正，保证腰面、腰里的形状；之后按照样板划样，如图5–3–2所示。

►第三步：拼接前、后腰头。依据划样拼接前、后腰头，要特别注意，腰面、腰里的长短、形状要一致，起、止针打来回针，如图5-3-3（1）所示；之后将拼接缝分开缝烫平，如图5-3-3（2）所示。

▶第四步：缝合腰头上口。将腰面、腰里正面相对缝合腰头上口，前、后腰头拼接缝要对准；之后将其分开缝烫平，如图5-3-4（1）（2）所示。

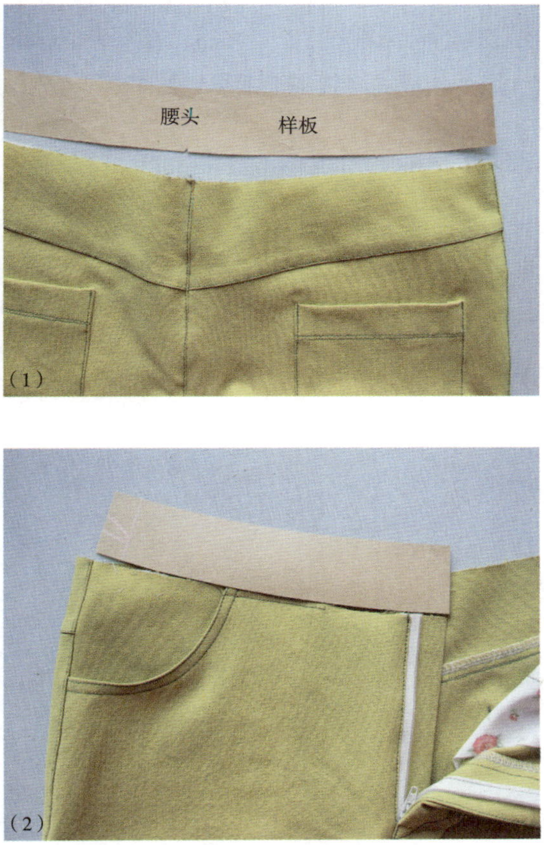

图5-3-1 核对样板

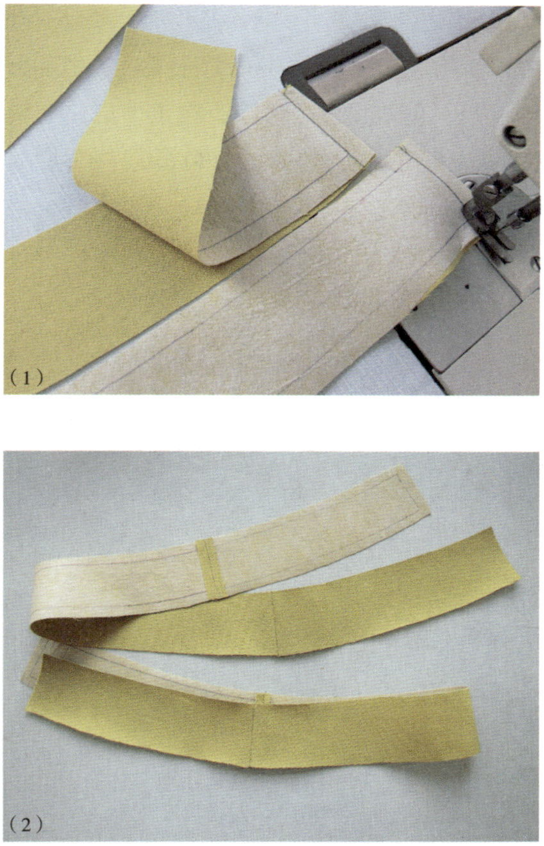

图5-3-3 拼接前、后腰头

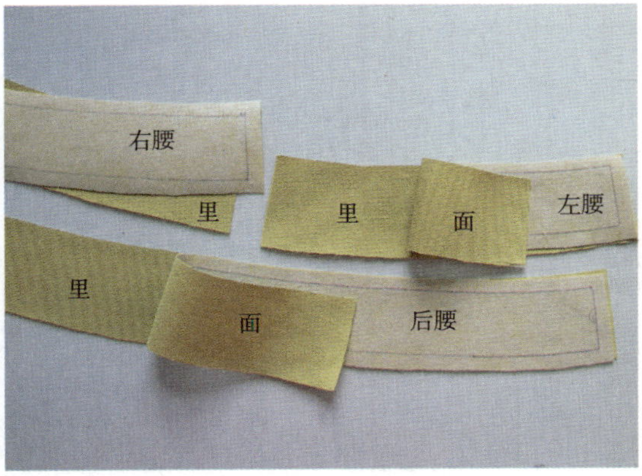

图5-3-2 烫衬、划样

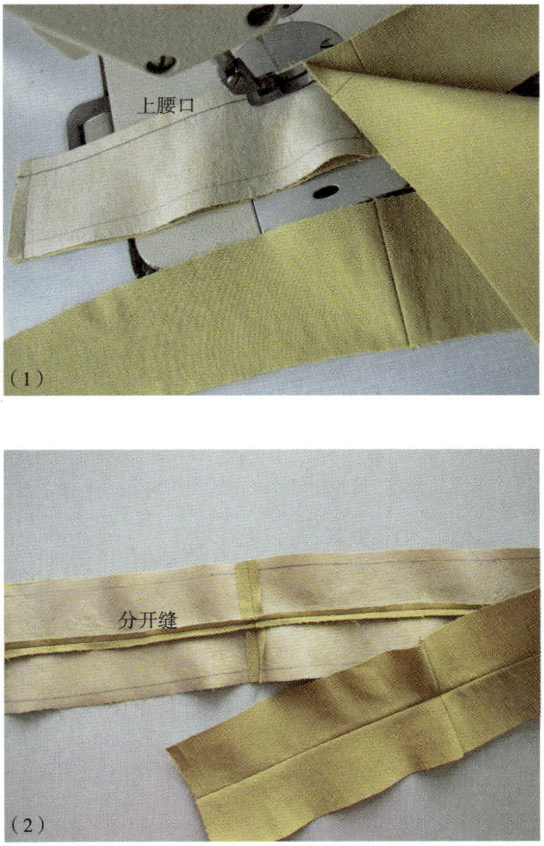

图5-3-4 缝合腰头上口

▶第五步：滚边。将滚条正面与腰里下口的正面相对，按照0.5cm的宽度缉合，之后翻转滚条，包紧腰里的边缘，在正面滚边上缉0.1cm清止口，也可在滚边外口缉0.1cm形成双止口，如图5-3-5（1）（2）（3）所示。

2. 绱腰

在细腰之前要对以下部件进行核对。

（1）核对腰围尺寸是否符合裁剪规格；

（2）核对腰头尺寸是否与腰口尺寸相吻合，然后留出1cm缝头，划顺腰口线；

（3）检查两侧袋口的高低是否一致；

（4）检查侧开口门襟、里襟长短是否合适。

▶第一步：将腰面正面与裤片正面相对，腰头拼接处对准侧缝，平缝1cm，要求腰口平服，左右对称，如图5-3-6所示。

▶第二步：将腰头正面相对缉两端，缉线要顺直，两缉线长短一致，如图5-3-7所示。

▶第三步：先将腰头缝头倒向腰面，将腰头翻到正面，角要方正；之后，在腰头下口缉0.1cm的明线固定腰头上下层，如图5-3-8（1）（2）所示。

3. 卷裤口贴边

先将裤子摆平，裤线摆直，核对裤长尺寸，按划出的贴边粉线扣烫脚口并缉2cm宽的明线。要求裤口平齐，两裤腿长短一致，贴边宽窄相同，如图5-3-9所示。

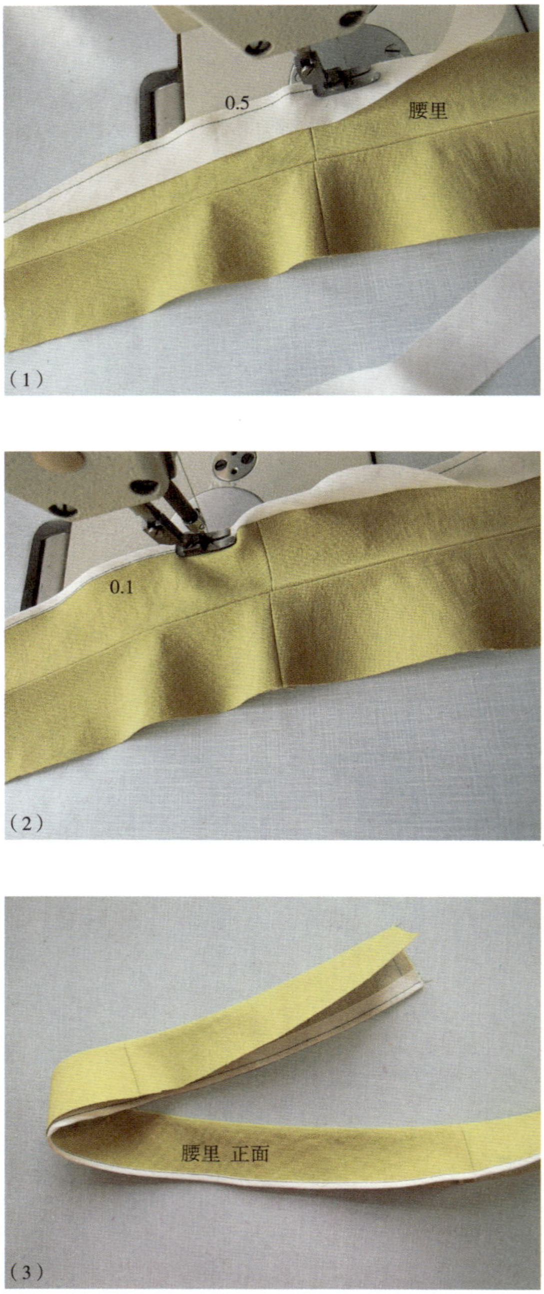

图5-3-5 滚边

图5-3-6 绱腰1

图5-3-7 绱腰2

图5-3-8 绱腰3

图5-3-10 锁眼、钉扣

图5-3-9 卷裤口贴边

4. 锁眼、钉扣

如图5-3-10（1）（2）所示，锁扣眼：锁眼时，先在衣服上按纽扣直径长短放0.1cm划好位置，沿粉线剪开，剪成“I”型平头眼，然后在离剪口0.3cm处锁眼，由里向外，针距为0.15cm，抽针时将线向上方倾斜45°拉紧、拉整齐；从左到右锁完一周后在尾部打结，然后将线头引入夹层内。钉纽扣：要与扣眼对齐。纽扣每孔四根线，0.3cm线脚、钉线要牢固，扣子系好后要平服。

三、女裤质量要求

（1）各部位规格准确、用料正确。

（2）腰头宽窄一致，里面平服不倒吐。

（3）袋布平服，袋口松紧适宜，左右对称。

（4）拉链平服，门襟、里襟长短适宜。

（5）各条缉线顺直，不吃不伸，明线整齐，宽窄一致，封结牢固。

（6）外观整洁，无脏、线头、粉印等。

（7）熨烫平挺，无焦、黄、极光、折印等。

小窍门

如何更好的翻烫直角？

按照缉线先将直角的一边烫折到物片反面，为了减少拐角处的厚度，根据缝头的宽度斜剪拐角，之后再烫折直角的另一边，烫折后拐角处要保持方正。

翻直角时，食指在两层物片之间，大拇指捏住拐角处的缝头将直角翻出；之后盖上湿布将直角烫正，如图5-3-11（1）（2）（3）（4）所示。

图 5-3-11
翻烫直角

思考与练习

1. 思考弧形腰与直腰配料区别。
2. 思考弧形腰工艺要点。
3. 怎样缝合侧缝?
4. 安装拉链应注意些什么?
5. 自行设计、制作一款女裤。

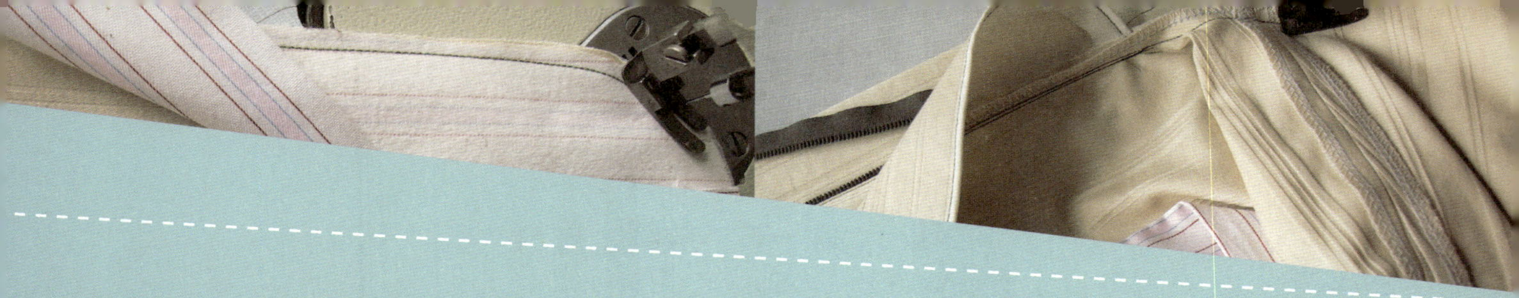

第六章
休闲男裤制作工艺

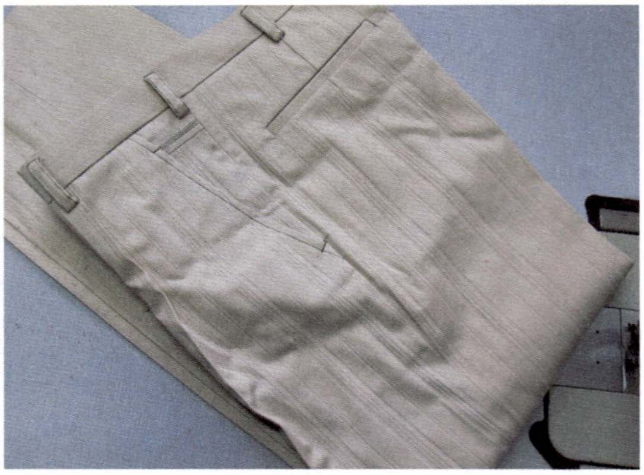

图6-1-1　休闲男裤外形

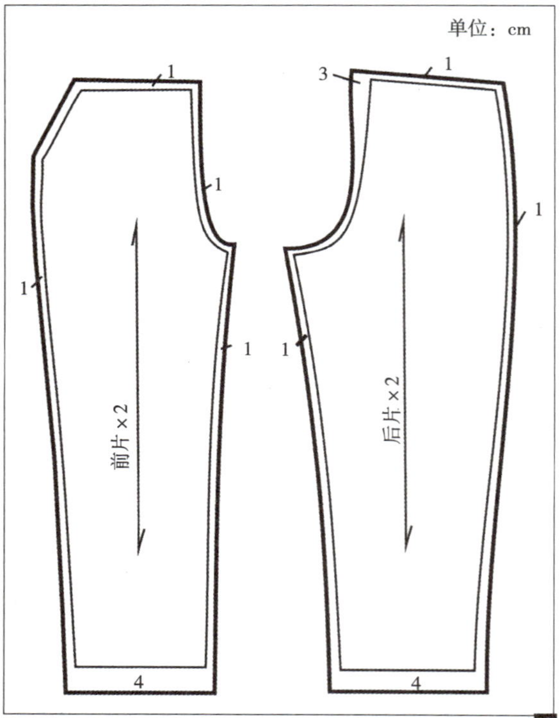

图6-1-2　放缝

第一节　放缝、排料

一、外形概述

该款男裤为直腰头；前腰左右各一折裥，斜插袋；后片左右各收一只省，单嵌线开袋；正开门，装拉链，如图6-1-1所示。

二、放缝

如图6-1-2所示，前、后裤片：脚口处放4cm，其余各部位按照样板一周放1cm。腰面：长=腰围+里襟+2cm（缝头）；宽=按照样板放3cm。腰里：长同腰面；宽按照样板放2cm。

三、辅料

（1）腰头衬：采用树脂衬，长根据腰围而定，宽4cm。

（2）兜布：采用美丽绸、薄棉布等面料。

（3）插袋：长32cm左右，宽30cm左右。

（4）后袋：长40cm左右，宽袋口大+6cm左右。

（5）四件扣或裤钩一副。

（6）拉链：一根，长为18～22cm。

四、算料、排料

如图6-1-3所示，门幅：144cm；规格：臀围105cm；用料：裤长＋3.5cm（臀围超过116cm，每大3cm，男裤另加6cm料）。

说明：有卷脚的应多加7cm料。

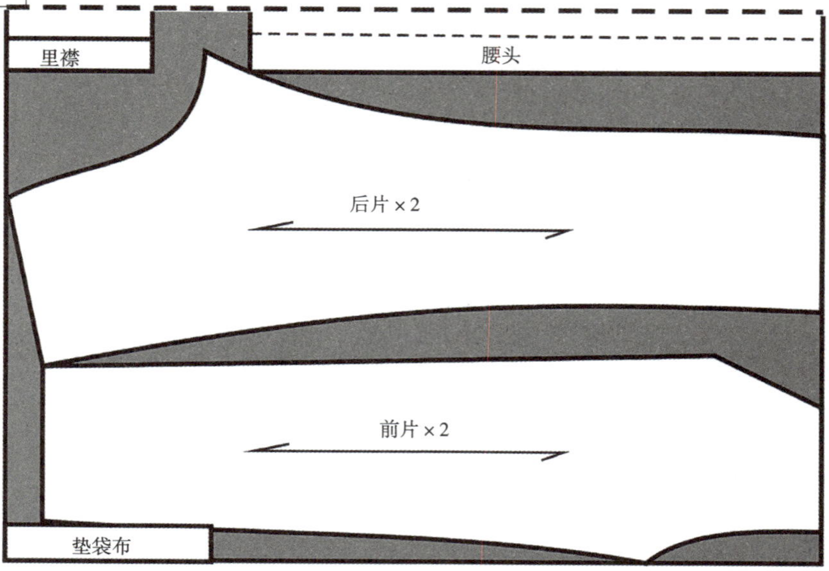

图6-1-3　算料、排料

第二节　前、后裤片工艺

一、工艺流程

做标记→锁边→收省、烫省→开袋→装侧袋→缝合侧缝→缝合下裆缝→安装拉链

二、操作步骤

1. 做标记

前裤片：裥位、袋位、中裆。后裤片：省位、袋位、中裆。

2. 锁边

将裤片正面朝上，沿着毛边切掉0.1cm毛边，左手拿着裤片的一边，右手拿着裤片的另一边，随着锁边机前进。右手稳住，不能随便移动，左手要快，将裤片摆平随机前进，思想要集中，碰到故障要随时停车，以防裤片沿锁边歪曲，甚至断针，特别注意在拐弯处速度要慢些，不要将裤片裁坏。除腰口外，其余部位都要锁边。

零部件的锁边：垫袋布、开袋垫布等部位。

3. 收省、烫省

缉后省要对准上下层眼刀标记，正面相叠，根据省的大小、长短、位置要缉准确，省缝要缉顺，省尖要缉尖，省根不可缉来回针，省尖处留线头4cm，打结后剪短，如图6-2-1所示。

图6-2-1　缉后省

烫省时要把服装放在布馒头上，这样才可烫出服装的立体感，能更好的符合于人体。将省倒向一侧烫平，熨烫时，为了避免衣片的正面出现省印，可在省缝与衣片之间放一张纸进行熨烫，或在省缝与衣片之间夹一层衬布进行熨烫。省尖部位的胖形要烫散，不可有折裥现象。

4. 开袋

►第一步：检查裁片，如图6-2-2（1）（2）所示。袋布（兜布）：长为40～42cm，宽为袋口大+5～6cm，采用直丝道。嵌条用布（嵌线用料）：长为袋口大+4cm，宽为4cm，采用直丝道，反面粘无纺衬。垫袋布：长为袋口大+3～4cm，宽为5～6cm；用料同衣片，采用直丝道。

►第二步：确定袋位与粘衬。在后裤片正面，袋口线向上、向下各0.8cm划线，反面的相应位置粘衬。如开一只后袋，只需在右后裤片确定袋位。

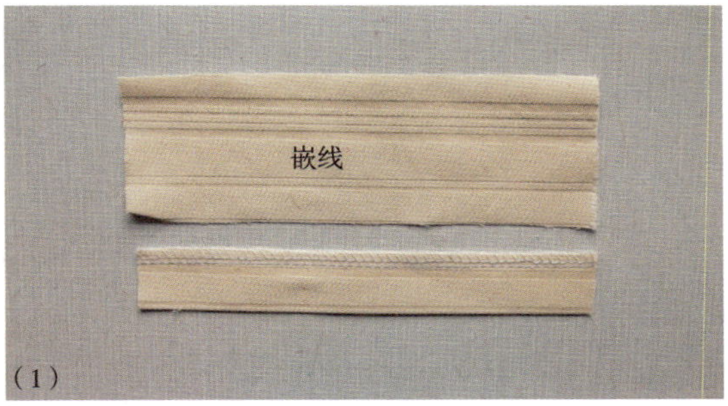

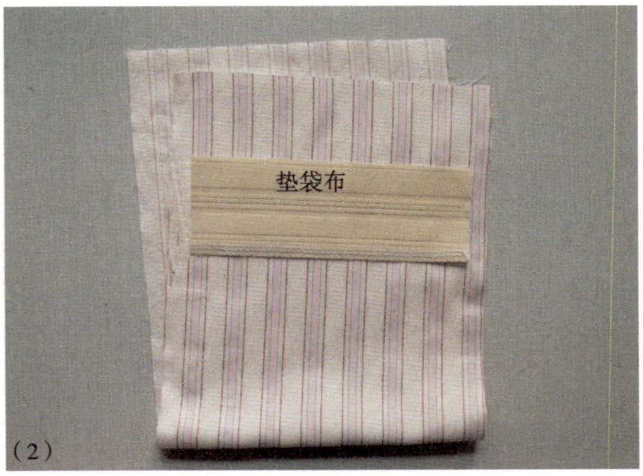

图6-2-2　检查裁片

▶第三步：缉袋嵌线。按照开袋的位置将兜布放在衣片的下层，兜布与腰口线平齐。将嵌线用料对折烫平，下口锁边放在衣片的正面，根据划好的粉线缉嵌线（第一条缉线），缉线长为袋口大。在衣片的正面开袋部位缉缝垫袋布，缉线距第一条缉线0.8cm，两缉线的长短要一致，缉线的两端要打来回针缉牢固。因省缝上大下小，缉下嵌线时比缉上嵌线要略带紧，使袋角上下丝道一致，袋角才能方正，如图6-2-3（1）（2）所示。

▶第四步：开袋。在两缉线的中间沿中心线将衣片剪开，开线顺直，距袋口大1cm处剪成“Y”形，注意不要剪断缉线也不要离缉线太远，剪断缉线袋口会毛出，离缉线太远袋角不方正，如图6-2-4（1）（2）所示。

▶第五步：烫嵌线。将嵌条布、垫袋布翻到衣片反面，把缝头分开缝烫平，并烫出0.8cm宽的嵌线，如图6-2-5（1）（2）所示。

图6-2-4 开袋

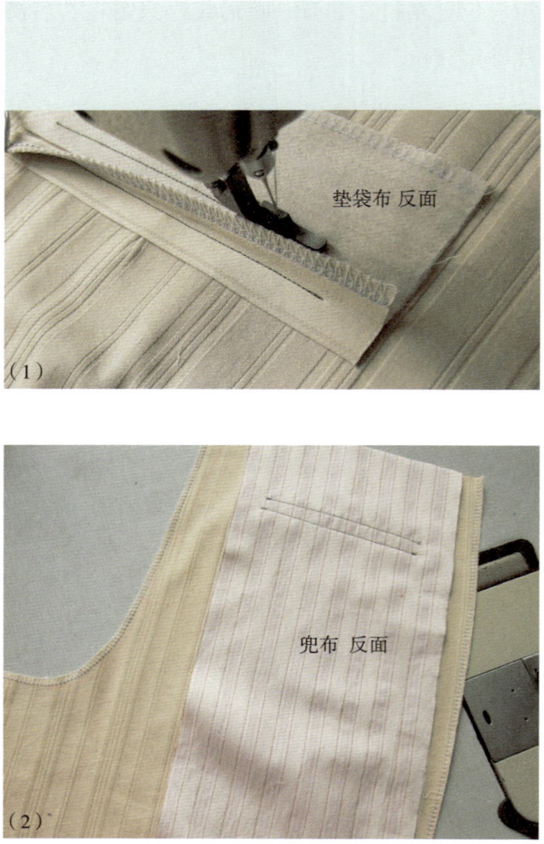

图6-2-3 缉袋嵌线

图6-2-5 烫嵌线

图6-2-6　缝合袋口

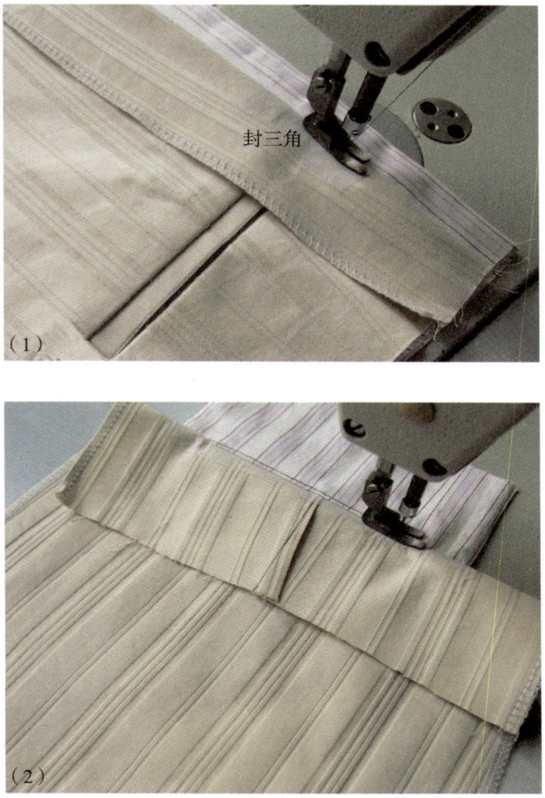

图6-2-7　封袋口

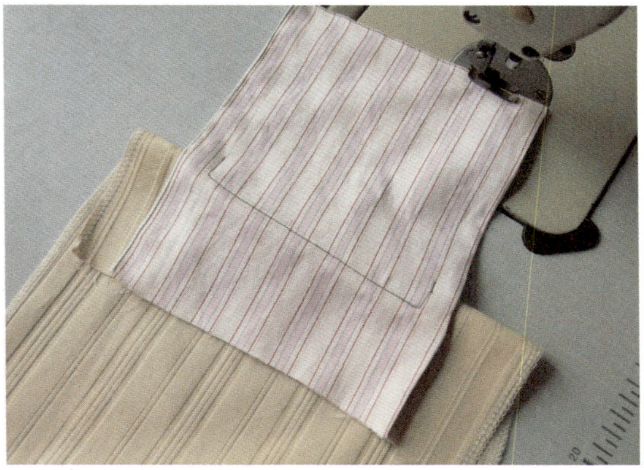

图6-2-8　烫平兜布，沿止口缉明线

►第六步：缝合袋口。先将兜布对折，中间部位打0.3cm深的剪口做标记；再将兜布的正面相对缉合两边，缝头为1cm，注意不要将袋口拉变形，如图6-2-6（1）（2）（3）所示。

►第七步：封袋口。将袋摆平，固定袋口三角和开袋上口兜布，缝线是一条完整的缉线，不可有漏针、跳针现象，兜布要平服、不起皱，如图6-2-7（1）（2）所示。

►第八步：将兜布烫平，沿止口缉0.1cm的明线，如图6-2-8所示。

5. 装侧袋

►第一步：检查裁片，如图6-2-9（1）（2）所示。兜布：采用直丝道，长32cm左右，宽30cm左右。注意兜布小半片袋口的形状与前裤片要一致。垫袋布：左侧袋两层，采用直丝道，用料同裤料，垫袋布的下端要比袋口斜线长出1.5cm。

►第二步：做手机袋。先将垫袋布的下层采用搭缝的方法缝合（第一条线），再将手机袋袋口折净，缉0.1、0.4cm宽的明线，与第一条线对齐固定袋的边缘，之后除上口外将垫袋布锁边，如图6-2-10（1）（2）（3）所示。

▶第三步：缉垫袋布。将垫袋布的正面朝上，缉在兜布大半片的反面，垫袋布要平服，如图6-2-11所示。

▶第四步：缉袋口。先根据侧袋的大小，在前裤片袋口下端打0.8cm深的剪口，如图6-2-12（1）所示；再将兜布小半片的反面与前裤片正面相对平缝，缝头为0.6cm。（注：在平缝之前，也可在前裤片袋口处加0.3cm嵌条作装饰）如图6-2-12（2）所示。

▶第五步：缉袋口明线。将兜布翻到前裤片的反面摆平，在前裤片正面袋口处缉0.4cm明线，长按照袋口大。要求缉线顺直、宽窄一致、无跳线、浮线现象，如图6-2-13所示。

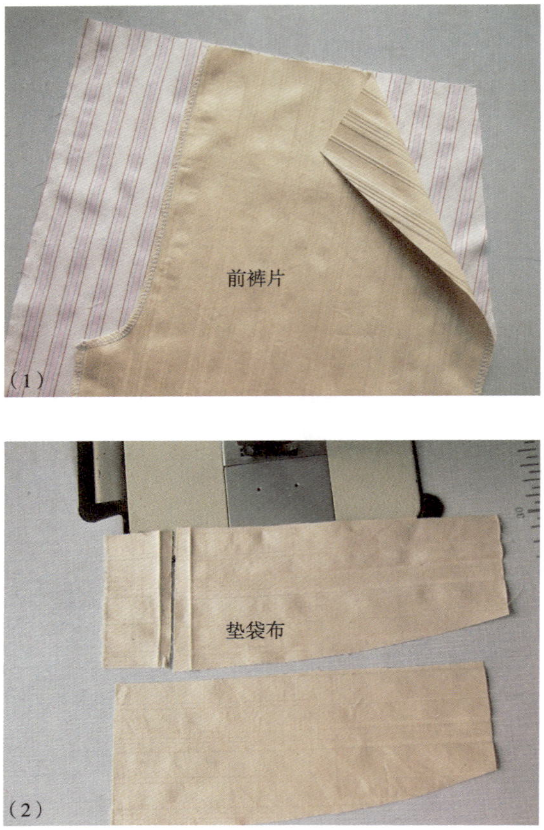

图6-2-9　检查裁片

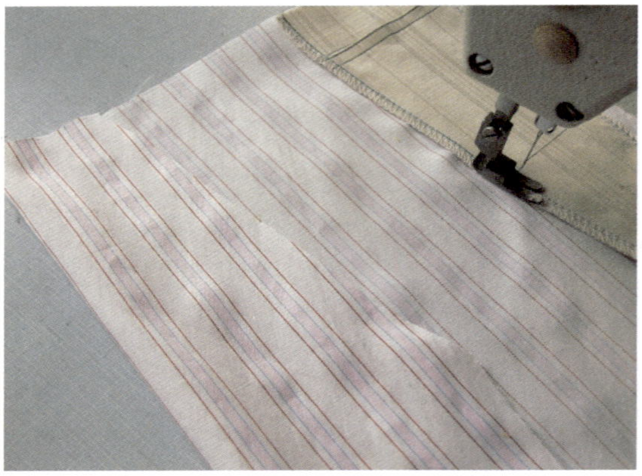
图6-2-11　缉垫袋布

图6-2-10　做手机袋

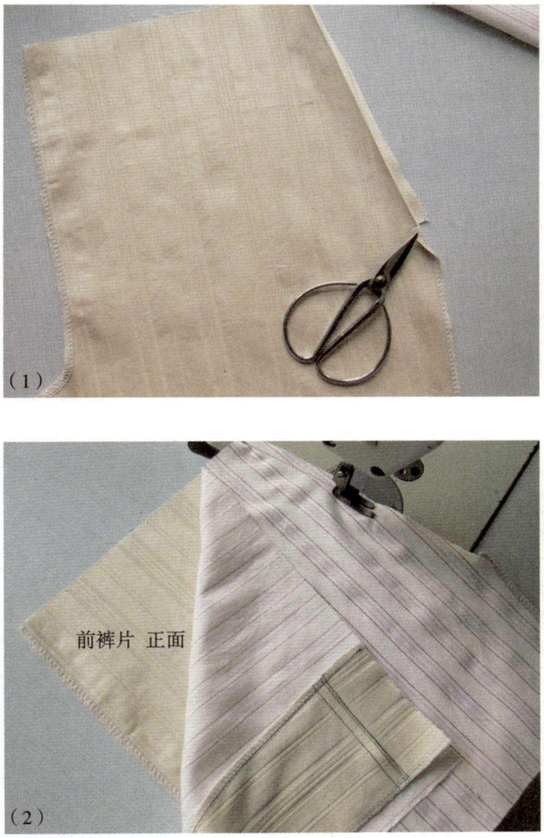

图6-2-12 缉袋口

图6-2-13 缉袋口明线

►第六步：缉兜底、固定袋口。先将兜布的正面与正面相对缉兜底，缝头为1cm；再把兜布翻到正面对折摆正，使侧缝与垫袋布连接顺直，之后将袋口上端、侧缝固定，如图6-2-14（1）（2）所示。

6. 缝合侧缝

将前后裤片正面相对，外侧缝对齐并对准腰口、中裆和裤口。右侧缝从腰口开始缉缝，缉至裤口；左侧缝从裤口开始缉缝，缉至

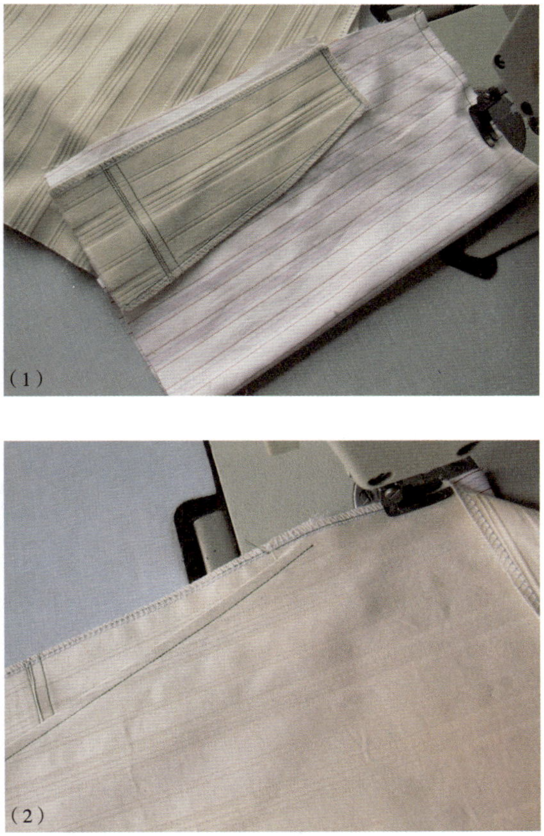

图6-2-14 缉兜底、固定袋口

腰口；缉线要顺直，上下层松紧一致，缝头为1cm，缉线的起、止点要回针。

7. 缝合下裆缝

►第一步：缝合下裆缝。侧缝、下裆缝的缝合是裤子定型的关键，缝得不好会产生链形、吊紧、挺缝不正等弊病。缝合下裆缝同缝合侧缝的方法一样，将左、右裤腿正面相对，下裆缝对齐，裆缝端点、中裆、裤口对准。右裤腿从下向上，左裤腿从上向下缉缝，后片裆弯向下10cm处稍吃、要求缉线要顺直，中裆以上缉双线，缝头为1cm。

►第二步：分烫下裆缝。下裆缝分开烫煞，分烫时要把中裆处拔开，中裆偏上的后烫迹线处归平，臀部推圆顺，脚口平齐，如图6-2-15所示。

►第三步：烫烫迹线。将裤脚翻到正面，侧缝与下裆缝对齐，把前后烫迹线烫煞，因为前、后裆缝还未缝合，侧缝、下裆缝容易对齐，便于熨烫。

图6-2-15　分烫下裆缝

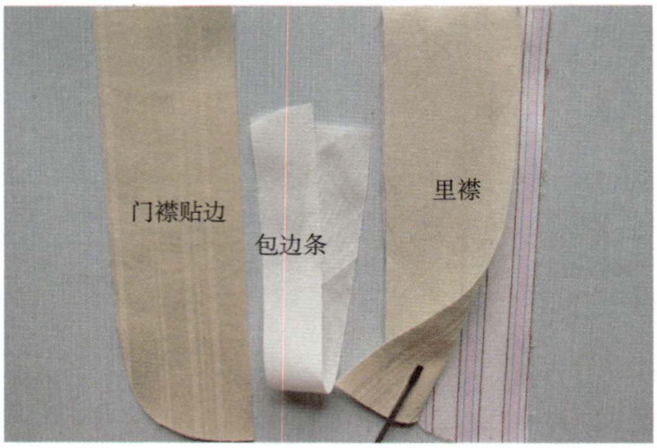

图6-2-16　检查裁片

8. 安装拉链

▶第一步：检查裁片，如图6-2-16所示。里襟：面、里各一片，里比面宽出1cm，长为22～24cm，宽为6～7cm，直丝道，反面粘无纺衬。门襟贴边：长为22～24cm，宽为6～7cm，直丝道，反面粘无纺衬。门襟贴边滚边：长为26cm左右，宽2.5～3cm，斜丝道。

▶第二步：门襟贴边滚边。将滚条正面与衣片的正面相对，按照滚边的宽度缉合，再翻转滚条，折净滚条的另一边毛缝0.5cm，如图6-2-17（1）所示；之后翻转滚条，包紧衣片的边缘，在正面滚边上缉0.1cm明线，也可在滚边外口缉0.1cm形成双止口，如图6-2-17（2）所示。

▶第三步：做里襟。先根据里襟面的大小将里襟里宽出的缝头烫折到反面，如图6-2-18（1）所示。再将里襟面、里的正面相对缉外口，缝头宽为0.6cm，离止口1cm处止针，如图6-2-18（2）所示。之后将其翻到正面烫平服。

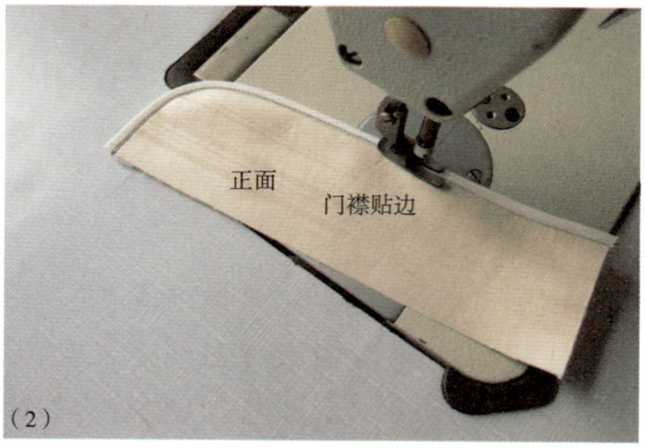

图6-2-17　门襟贴边滚边

图6-2-18　做里襟

▶第四步：绱里襟。先将里襟面的正面与右裤片的正面相对，拉链的反面朝上放在两层之间，按照1cm的缝头缝合。注意里襟不能有链形，与拉链的松紧要适宜，线迹要顺直，如图6-2-19（1）所示。之后在止针处打0.8cm深的剪口，把小裆缝放平，将右裤片前裆缝头熨折到反面，在右裤片的正面缉0.1cm明线，注意里襟面、里上下层要平服，如图6-2-19（2）（3）所示。

▶第五步：绱门襟贴边。将左裤片的正面与门襟贴边的正面相对缉合门襟贴边，缉线宽0.8cm。为了防止门襟贴边反吐，将缝头倒向门襟贴边方向烫平，注意不要出现亮光和焦黄现象，在门襟贴边止口处暗缉0.1cm明线，如图6-2-20所示。

▶第六步：缝合前后裆缝。左右两裤片裆缝对齐，自小裆封口位置，向后裆缝方向缉线，缝头根据规格要求。注意十字缝对齐，后裆弯度部位拉紧、拉直、缉顺，如图6-2-21所示，之后将裆底放在铁凳上，分开缝喷水烫平。

▶第七步：将门襟贴边与拉链的位置摆正，把拉链的另一边缉在门襟贴边上，注意拉链离门襟贴边明线0.7cm，如图6-2-22所示。

▶第八步：校对门里襟长度，门襟应与里襟比齐，在左裤片正面缉3cm宽的明线，缉明线上段时将里襟移开，在拐弯处将里襟下端放平，与里襟一起缉合封小裆，封小裆时可用缝纫机缉来回针，也可用套结机打套结，或者用手工针打套结，如图6-2-23所示。

(1)

(2)

(3)

图6-2-19　绱里襟

图6-2-20　绱门襟贴边

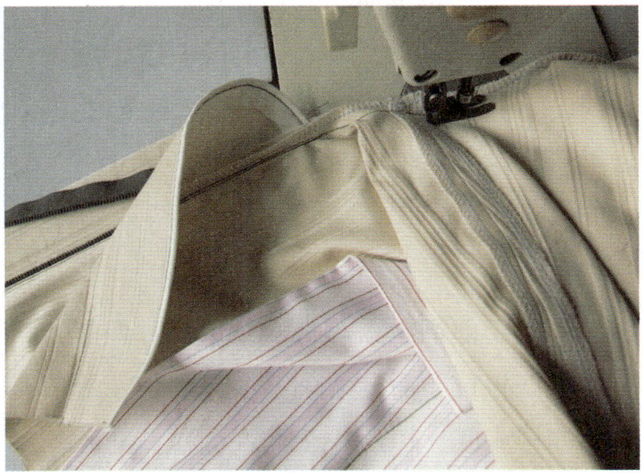

图6-2-21　缝合前后裆缝

图6-2-22　缉拉链

图6-2-23　封小裆

第三节　做、装腰头

一、工艺流程

做腰头→装腰头→卷脚口→裤子定型熨烫

二、操作步骤

1. 做腰头

▶第一步：做串带袢。先将其正面对折，缉缝头0.3cm，缉线的毛缝分开烫平，再将其正面翻出，缝头居中，沿两边各缉0.1cm止口，串带袢净宽0.8～1cm。如图6-3-1所示。

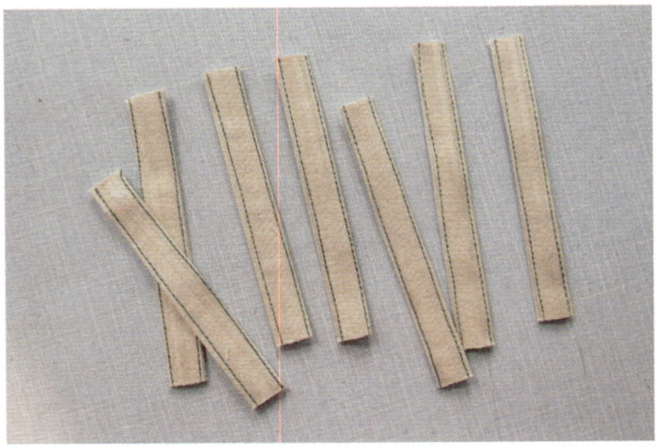

图6-3-1　做串带袢

▶第二步：烫衬。先将腰衬（有纺衬）粘在腰面的反面，注意腰衬要放正，保证腰面、腰里的形状，丝道要顺直。腰里的反面无纺衬，大小同腰里，如图6-3-2所示。

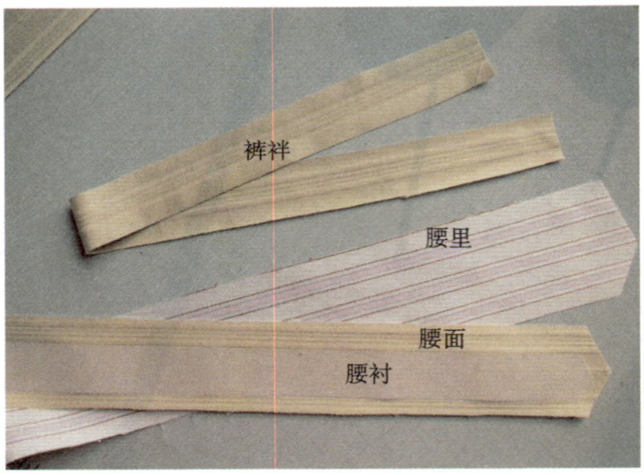

图6-3-2　烫衬

▶第三步：拼接腰头。先将腰里上口缝头烫折到反面，将腰面、腰里正面相搭，搭缝腰头上口，沿折转边缉0.1cm止口一道，缝线离腰衬0.1cm。之后翻转腰头，腰里沿腰衬扣转、烫平，如图6-3-3所示。

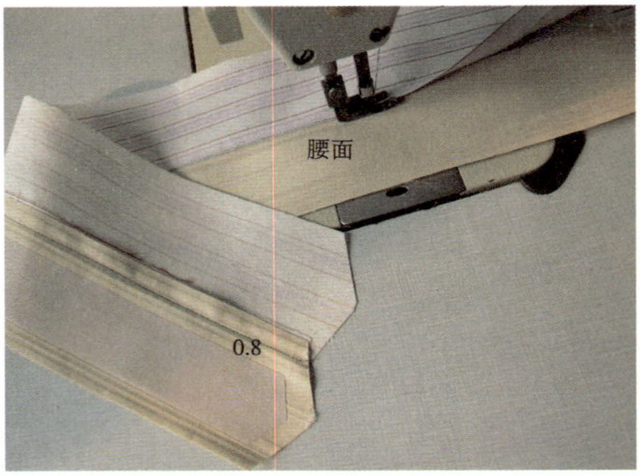

图6-3-3　拼接腰头

2. 装腰头

▶第一步：装串带袢。从左到右，第一根串带袢位于前裥上，第二根位于前片侧缝止口上，第四根位于后缝居中，第三根位于第二根和第四根中间，以后三根与左面位置对称。串带袢上口与腰口平齐，向下1.6～1.8cm，来回缉线四或五道，将其封牢。串带袢也可按规定位置，边装腰头边塞进，一同固定，在坐下0.8cm来回针封牢。

▶第二步：装腰面。腰面的对裆标记对准裤腰口对应位置，腰头在上，裤片在下，从门襟开始向里襟方向沿0.8cm缝份缉线，如图6-3-4（1）（2）所示。注意前平、中（侧缝左、右1cm）稍松，后（臀部上口）稍紧，使腰头上口顺直，前后平服，臀部饱满。腰头里襟一端装好四件扣后，再封口翻转，在安装位置反面垫好衬头。腰头门襟一端，将夹里和衬头修成与门襟平齐，上口留腰面缝头同样垫衬头，装好四件扣裤钩，裤钩位置在腰面居中，离开止口0.8cm左右。

▶第三步：压腰头。压腰头之前，可先将腰头擦好，然后从门襟开始向里襟方向用漏落针将夹里固定。压腰头时，下层夹里稍拉紧，面子用镊子稍推送，防止产生链形，不可将腰面缉牢，反面腰里余势顺直。腰头压缉好后，正面盖上水布，喷水烫平，如图6-3-5所示。

▶第四步：压串带袢。边装腰头边塞进，一同固定，在坐下0.8cm来回针封牢，如图6-3-6（1）所示。串带袢向上翻平、放正，抵裤腰口，将串带袢缝头折转，来回四道或五道，止口缉线0.1cm封牢。串带袢长短要一致，如图6-3-6（2）所示。

图6-3-5　压腰头

（1）

（2）

图6-3-4　装腰面

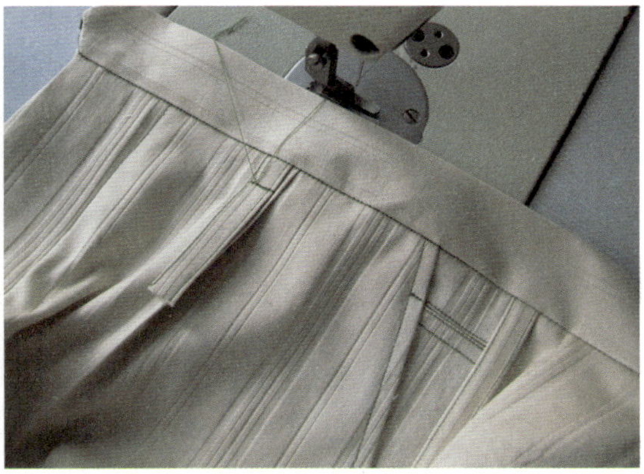

（1）

（2）

图6-3-6　压串带袢

3. 卷裤口贴边

先将裤子摆平，裤线摆直，核对裤长尺寸，按划出的贴边粉线扣烫脚口并扦脚口贴边，要求裤口平齐，两裤腿长短一致，贴边宽窄相同。

4. 裤子定型熨烫

▶第一步：熨烫裤腰头。将布馒头塞进裤腰，熨烫顺序为：左后腰→左前腰→右后腰→右前腰。将熨斗温度调至面料盖湿布熨烫时所需的温度，将湿布垫在裤腰上，按程序熨烫至左右前腰时，注意将折线理直至臀围线；烫后袋口时，嵌线、袋盖要烫方正，不要烫出纽印，如图6-3-7所示。

▶第二步：翻烫裤子反面，如图6-3-8所示。把熨斗温度降至直接熨烫的温度，按顺序熨烫：分别熨烫左、右裤腿；烫裤腰里；分烫后裆缝与门、里襟。

▶第三步：将裤子翻向正面，熨斗温度调高，垫上干布熨烫，修正裤腰正面的较厚处如袋口、裤子折裥线、门襟及其他不平挺之处。

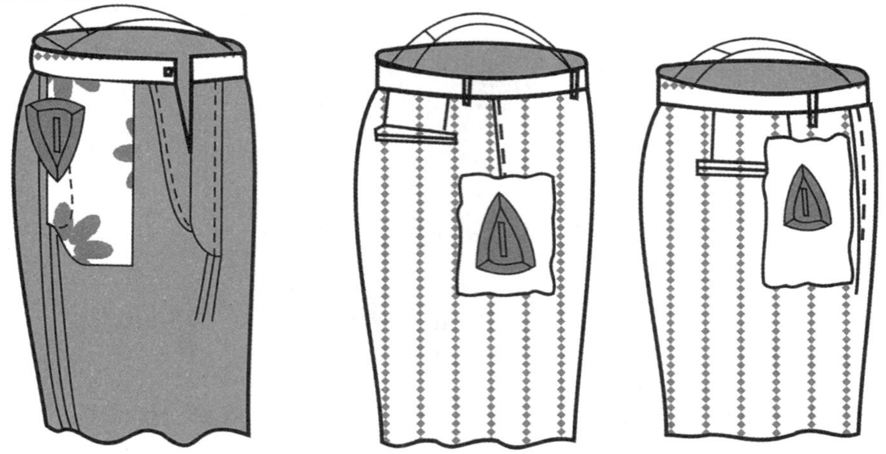

图6-3-7 熨烫裤腰头

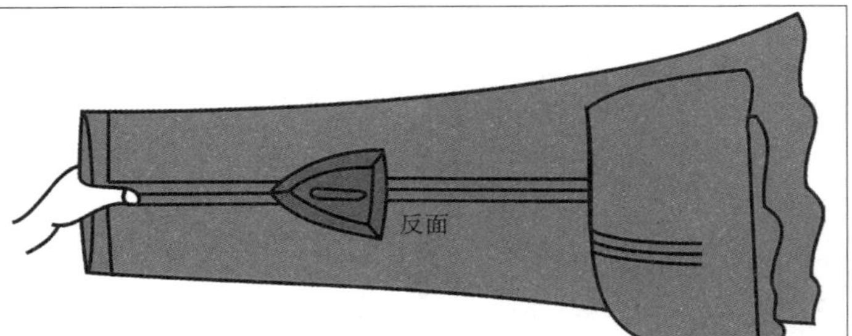

图6-3-8 翻烫裤子反面

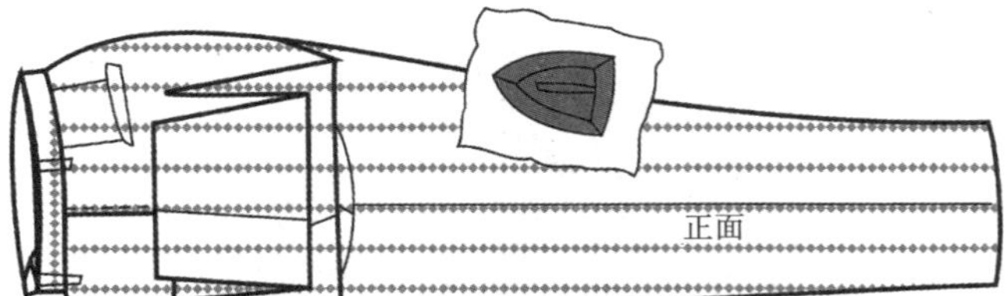

图6-3-9 熨烫裤子下裆缝，挺缝线

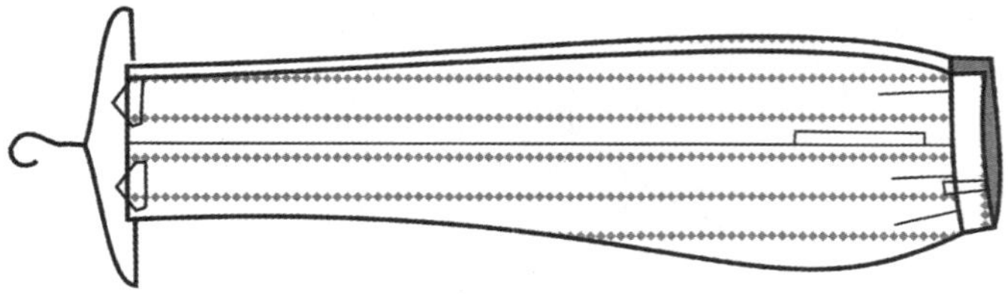

图6-3-10 整烫

▶第四步：熨烫裤子下裆缝、挺缝（烫迹）线。将侧缝与下裆缝线上下对正，裤脚口平直，裤窿门回顺烫平，前片挺缝线与第一个折裥自然接上，后裤片挺缝线烫至离裤腰10cm处，前、后挺缝线要烫顺直，如图6-3-9所示。

▶第五步：整烫。熨斗温度调高，垫上一层干布，一层湿布，熨烫左、右裤片的侧缝正面，从裤脚口往上烫，再烫前、后挺缝线，待湿布烫干后再在干布上较快地过一遍，然后用衣架挂起，如图6-3-10所示。

三、男西裤的质量要求

（1）符合成品规格。

（2）外形美观，内外无线头。

（3）门里襟缉线顺直，长短一致，封口处无起吊。

（4）做、装腰头顺直，串带袢整齐、无歪斜，左右对称。

（5）侧袋和后袋袋口平服，后袋四角方正，袋角无毛出现象。

（6）整烫符合人体要求，烫煞、无极光。

图6-3-11　如何更好的平缝

小窍门

如何更好的平缝？

平缝在各类服装的缝制中应用广泛，它是把两层裁片相对，按照规定的缝份大小车缝的缝制工艺。对于初学者来说，在平缝时常出现上层衣片“赶”，下层衣片“吃”的毛病，这是由于下层衣片直接与送布牙接触，所以走得快；上层衣片不直接与送布牙接触，它是随着下层衣片的移动而移动，所以受到的向前的推力比下层衣片略小，加之缝纫机压脚对上层衣片的阻力作用，所以走得慢。当平缝一段距离后，就会出现上层衣片长，下层衣片短的现象。为了克服这种弊病，在平缝时，用右手稍向后拉伸下层衣片，左手稍向前推送上层衣片，使上下层衣片同步前进，要保持上下层松紧一致，上下缝头宽窄一致。离止针位置20cm左右，使下层物片比上层物片长出0.2cm，之后自然平缝，这样可使两层物片的长短一致，如图6-3-11所示。

思考与练习

1. 开袋时应注意些什么？
2. 缝合前后裆缝时应注意些什么？
3. 怎样装腰头？
4. 怎样压裤袢？
5. 自行设计、制作一款男裤（开袋、插袋可变化）。

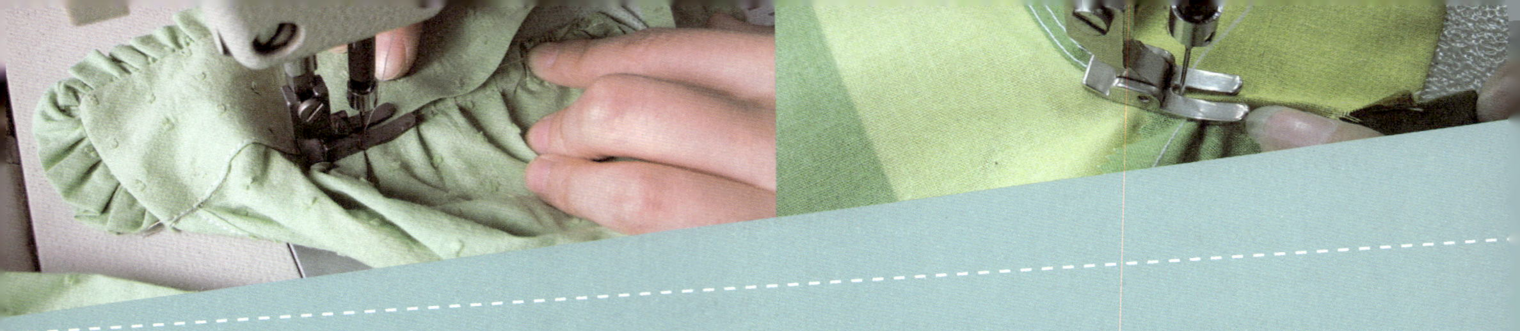

第七章
暗门襟立领女衬衫

第一节　放缝、排料

一、外形概述

立领，领口加有花边装饰；暗门襟，左襟开五个扣眼；前身收横胸省、腰省左右各一个，后身收腰省左右各一个，收腰身；装袖，袖口开衩，装袖克夫并有花边装饰，如图7–1–1所示。

图7–1–1　暗门襟立领女衬衫外形

二、放缝

如图7–1–2（1）（2）所示。

（1）前片：左衣片止口处由搭门向外放6cm，用做暗门襟；右衣片止口处由中心线向外放1cm；左右衣片肩缝、领口、袖窿、侧缝处放缝1cm，底边放缝2.5cm。

（2）后片：肩缝、领口、袖窿、侧缝处放缝1cm，底边放缝2.5cm。

（3）袖片：袖山弧线、袖底缝、袖口处放缝1cm。

（4）领片：领面、领里按照领样板一周放缝1cm。

（5）袖克夫：面、里按照样板一周放缝1cm。

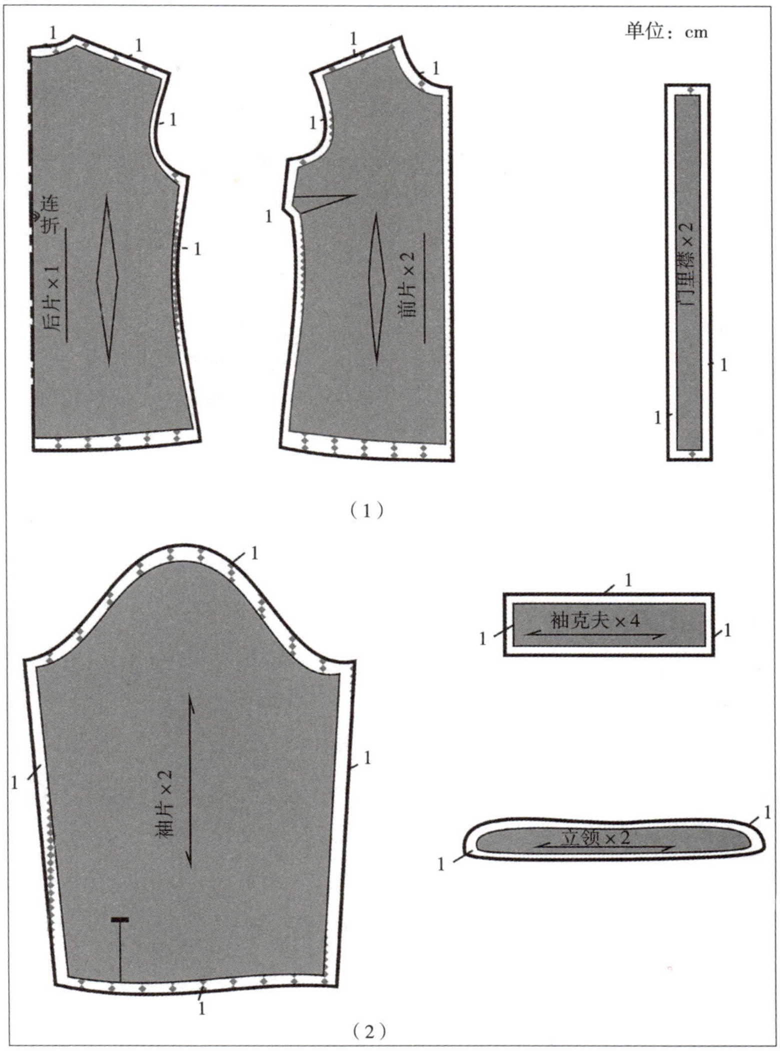

图7–1–2　放缝

三、辅料

（1）领衬：采用无纺衬，大小同领里、领面。

（2）纽扣：直径1cm的纽扣10个。

四、算料、排料

如图7–1–3所示，门幅：144cm。

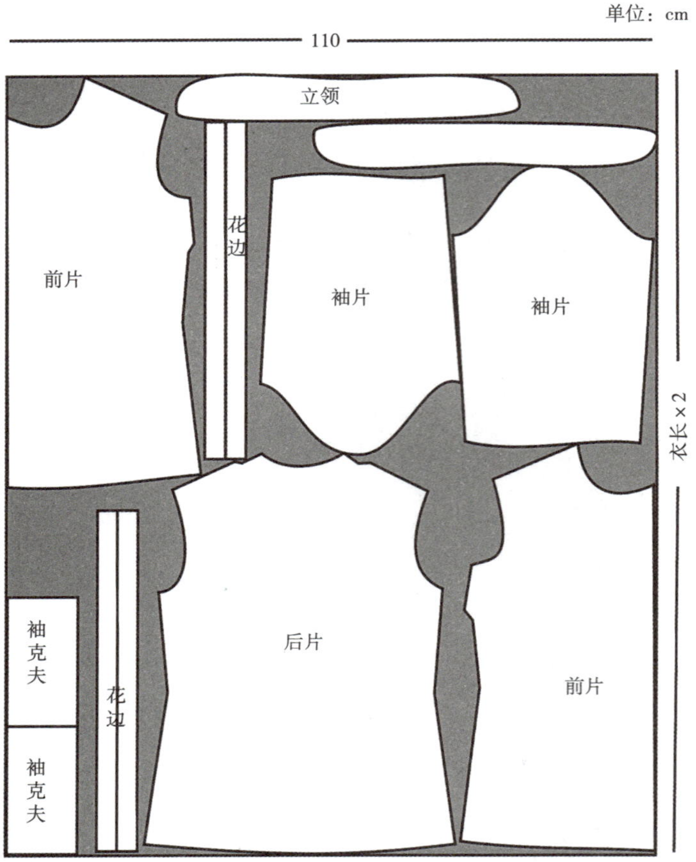

图7-1-3　算料、排料

第二节　前、后身工艺

一、工艺流程

做缝制标记→左暗门襟→右里襟→收省、烫省→缝合肩缝

二、操作步骤

1. 做缝制标记

前衣片：横胸省、腰省、暗门襟宽、搭门宽、底边贴边宽。后衣片：腰省、底边贴边宽。袖片：对肩眼刀。

2. 左暗门襟

▶第一步：烫门襟。门襟挂面宽窄按眼刀，由外向里三折烫，如图7-2-1（1）（2）（3）所示。

▶第二步：缉门襟。将门襟摆放平服，离止口1.9cm缉一道，门襟处会出现两层折裥，形成暗门襟，如图7-2-2所示。

3. 右里襟

▶第一步：烫里襟。先将6cm宽的里襟用料烫折0.8cm，再根据里襟的宽度烫折2cm，如图7-2-3所示。

图7-2-1　烫门襟

►第二步：安装里襟。将里襟的正面与右衣片的正面相对，由领口至底边缉1cm一道，缝头宽窄要一致，上下层松紧要均匀，如图7-2-4所示。

►第三步：压明线。里襟反转后正面压缉0.1cm一道线，压线最好不要缉住下层，以正好在下层边缘为佳，如图7-2-5所示。

图7-2-2 缉门襟

图7-2-3 烫里襟

图7-2-4 安装里襟

图7-2-5 压明线

4. 收省

（1）缉胸省。要对准上下层眼刀标记，正面相叠。由于横胸省靠底边的一条省缝丝道比较斜，缉时要将丝道比较直的省缝放在上面缉。横胸省右片由省根缉向省尖，左片由省尖缉向省根。

收腰省：根据省的大小，将衣片的正面相对，按照省中线对折，由省尖缉至省中至省尖，省尖缉尖，两片省长短一致，省尖处留线头4cm，打结后剪短。

（2）烫省。省的熨烫工艺也直接影响省的外观效果，烫省时要把服装放在布馒头上，这样才可烫出服装的立体感，能更好的符合于人体。对于薄料衣服缉合后的省倒向一侧烫平，熨烫时，为了避免衣片的正面出现省印，可在省缝与衣片之间放一张纸进行熨烫，或在省缝与衣片之间夹一层衬布进行熨烫。省尖部位的胖形要烫散，不可有折裥现象，如图7-2-6所示。

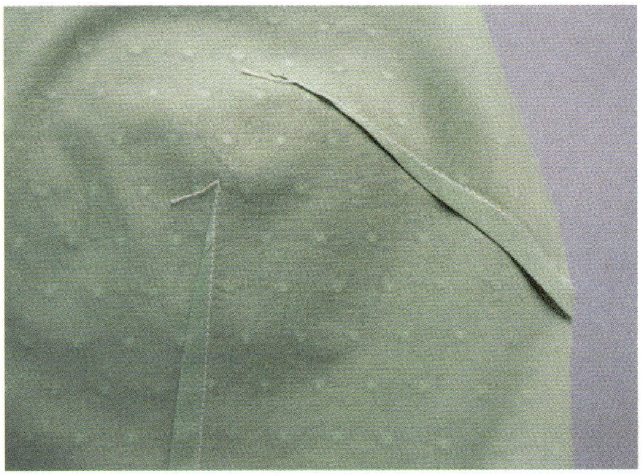

图7-2-6 烫省

5. 缝合肩缝

前后肩缝正面相叠，前片放上面，后衣片外肩稍归拢，前衣片外肩稍拔宽，吃势均匀，缉线1cm，然后进行拷边，缝头向后衣片倒烫，如图7-2-7（1）（2）所示。

（1）

（2）

图7-2-7 缝合肩缝

第三节 做领、装领

一、工艺流程

烫领衬→做领装饰→缝合领里、领面→装领

二、操作步骤

1. 烫领衬

领衬的大小同领里、领面，将领衬平整的粘在领里、领面的反面。粘衬前，领片的位置一定要摆正，尤其是轻薄的衣料，要防止粘衬后衣片变形。熨斗走向可以从一端走向另一端，不能由两端向中间粘合，以免产生四周固定，中间与衬大小不符的弊病，如图7-3-1所示。

2. 做领装饰

面料同衣身，毛宽3.8cm左右，净宽1cm。

►第一步：先将其对折烫平服，然后将针脚调至最大，按照0.5cm的宽度长针脚车缉一道，也可用手缝针拱针针法缝一道，如图7-3-2所示。

►第二步：然后把线逐渐抽紧，使缝头收拢，产生自然的、均匀的折裥，如图7-3-3所示。

图7-3-1 烫领衬

图7-3-2 做领装饰1

图7-3-3 做领装饰2

3. 缝合领里、领面

▶第一步：划领样。先根据样板在领面的反面划样，再根据样板将领面下口缝头折转包紧、烫干，如图7-3-4所示。

▶第二步：缝合领里、领面。将领面与领里的正面相对，装饰花边放在两层中间，根据划好的领样缉领，领角处不可缺针或过针，如图7-3-5所示。之后修剪领外口的缝头，留0.3cm。

▶第三步：烫领。翻出领头，领角翻足，两角对称一致，可用锥子整理一下，翻好后烫煞，并烫出里外均匀，领里不可外露。领头对折，校正两端领角长短并修剪下口缝份，领里取留缝份0.8cm，做好左、右肩缝对肩眼刀，以及对后领圈中心的眼刀，如图7-3-6所示。

4. 装领

▶第一步：绱领。将衣片的反面朝上与领里正面相对绱领，缝头的宽窄要一致，缉缝为0.8cm。注意在肩缝、衣片后领中要对位，衣领不偏斜，领圈中途不可拉还或归拢，起落针回针缉牢，如图7-3-7所示。

▶第二步：压领。将领口缝头放入领面、里之间，沿着领口的边缘缉0.1cm明线，线迹要整齐、美观，领面与领里的松紧要适宜，上、下层保持松紧一致，左、右肩缝和背中缝不能偏移，防止领面不平服或起链，如图7-3-8（1）（2）所示。

图7-3-4 划领样

图7-3-5 缝合领里、领面

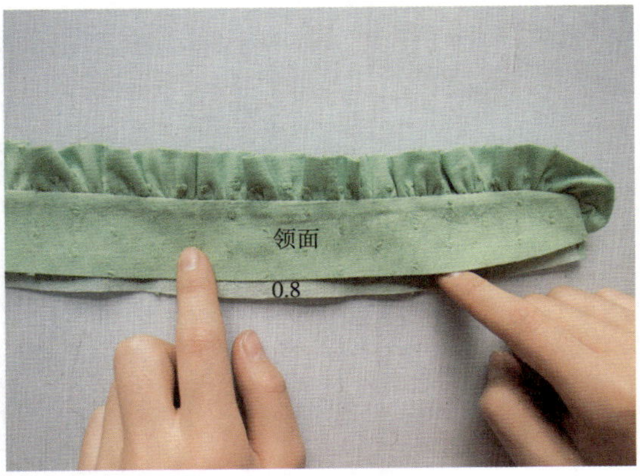

图7-3-6 烫领

图7-3-7 绱领

图7-3-8
压领

第四节　做袖、装袖

一、工艺流程

做袖开衩→装袖→缝合侧缝、袖底缝→做袖克夫→装袖克夫→卷底边→锁眼、钉扣→整烫

二、操作步骤

1. 做袖开衩

►第一步：烫衬、做袖口装饰。克夫衬的大小同里、面，将领衬平整的粘在克夫里、克夫面的反面。做袖口装饰的做法同领装饰，折裥的稀疏、宽窄与领装饰要一致，如图7-4-1所示。

►第二步：剪开衩。在袖后片袖口处，离袖底缝6cm，与袖口垂直剪开，剪口长8cm，如图7-4-2所示。

►第三步：扣烫袖衩。先烫转一边缝头0.7cm为第一道，再烫转另一边缝头0.5cm为第二道，然后对折熨烫，使里比面多出0.1cm。袖衩净宽为0.8cm，如图7-4-3所示。

图7-4-1　做袖开衩

图7-4-2　剪开衩

▶第四步：缉袖衩。将袖片的正面朝上，采用夹缝的方法绱袖开衩条，缝头为0.6cm，在拐角处缝头过渡为0.3cm，明线宽为0.1cm，如图7–4–4（1）（2）所示。在拐角处不可毛出，不可有死褶，不可有链形。

▶第五步：封袖衩。在开衩条的反面，将袖衩条对折，袖口比齐，离袖衩拐角1cm处缉来回针3～4道。之后把袖开衩的一边折到反面，在袖口处固定，形成袖衩门襟片，如图7–4–5（1）（2）所示。

2. 装袖

▶第一步：袖山头抽吃势。袖片前后10cm处长针脚缉一道，缝头宽0.5cm。之后将缝线稍拉紧做出袖山头吃势，袖山头眼刀左右一段是横丝道，略吃一些，袖山头线向下一段要少吃一些，如图7–4–6所示。

▶第二步：绱袖。把袖子放上层，大身放下层，便于掌握袖子吃势，与衣片正面相

图7–4–3　扣烫袖衩

图7–4–5
封袖衩

图7–4–4　缉袖衩

图7–4–6　袖山头抽吃势

叠，袖窿与袖山比齐，袖山头眼刀对准肩缝，肩缝倒后身，缉线0.8～1cm，然后拷边，如图7-4-7（1）（2）所示。

完成后的袖子，缉线要顺直，吃势要均匀，袖山头饱满。

3. 缝合侧缝、袖底缝

将前衣片放上层，后衣片放下层平缝。右身从袖口向下摆方向缝合，左身从下摆向袖口方向缝合，袖底十字缝对齐，上下层松紧一致，然后锁边，如图7-4-8（1）（2）所示。

4. 做袖克夫

▶第一步：做袖克夫。将袖克夫面1cm缝头烫折到反面，之后将袖克夫面、里正面相对，装饰花边放在两层中间，按照规格要求缝合，拐角处不可缺针或过针。之后修剪领外口的缝头，留0.5cm左右，如图7-4-9所示。

▶第二步：烫袖克夫。先烫转两边缝头，之后翻到正面烫平，两角对称一致，可用锥子整理一下，校正两端长短并修剪下口缝份，克夫里取留缝份0.8cm，如图7-4-10所示。

图7-4-7　绱袖

图7-4-8　缝合侧缝、袖底缝

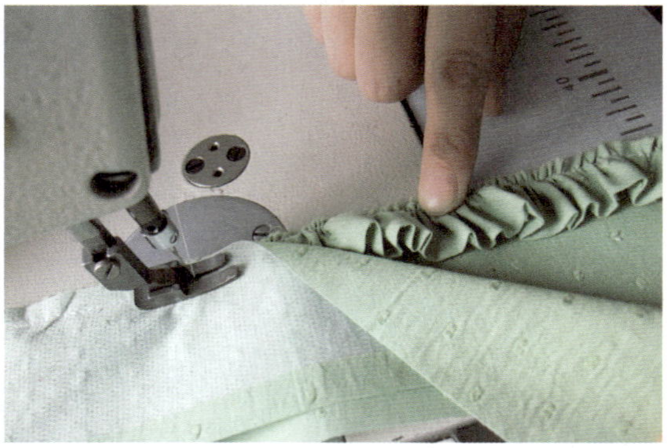

图7-4-9　做袖克夫

图7-4-10　烫袖克夫

5. 装袖克夫

▶第一步：抽袖口细裥。先将袖衩门襟折转，再用打褶压脚抽袖口碎褶，或用缝纫机长针脚车缝一趟抽出碎褶，抽出的细裥要均匀，整齐。之后校准袖口大小与袖克夫长短，如图7–4–11所示。

▶第二步：装袖克夫夹里。采用拉压缉缝的方法安装袖克夫。将袖片的反面与克夫里的正面相对，袖口比齐，袖开衩两头与袖克夫两端塞齐，沿着袖克夫边缘缉线，缝头为1cm，如图7–4–12所示。

▶第三步：缉袖克夫明线。将缝头放在克夫面、里的中间，沿克夫面的边缘缉0.1cm的明线，反面坐缝不得超过0.3cm。完成后的袖克夫要平服，袖开衩长短要一致，如图7–4–13（1）（2）（3）所示。

6. 卷底边

先将贴边按线钉或粉印折转，并将贴边毛边向内折光，折入的宽度为0.5cm左右，之后沿边缘缉0.1cm的缝，不可有漏针现象，如图7–4–14所示。

图7–4–11 抽袖口细裥

图7–4–12 装袖克夫夹里

图7–4–13 缉袖克夫明线

图7–4–14 卷底边

7. 锁眼、钉扣

门襟锁眼：门襟锁横扣眼五个。扣眼进出位置在搭门线向止口偏0.1cm。眼大根据纽扣大小，一般为1～1.5cm。扣眼高低位置，第一个扣眼在领头处，离止口1.8cm，其他扣眼距离根据规格要求。

袖克夫处锁眼：袖克夫在袖衩折转一边锁眼一个，进出位置离袖克夫边1cm，高低位置为居中袖克夫宽。

钉纽扣：里襟处，将门里襟比齐，眼与扣位置对应，钉纽扣五粒。袖克夫处，进出离袖克夫边1cm，眼与扣位置对应，钉纽扣一粒。

8. 整烫

熨烫前若有污渍，先洗刷干净。

▶第一步：烫门里襟。遇到扣眼只能在扣眼旁边熨烫，不宜把熨斗放在扣眼上熨烫。衣服上的纽扣，特别是塑料纽扣，不能与高温熨斗接触，否则会烫坏纽扣。

▶第二步：烫袖口有折裥。要将细裥放均匀，理齐、压烫，用熨斗横推熨烫。

▶第三步：烫领。先烫领里，再烫领面，然后将衣领翻折好，烫成圆弧状。

▶第四步：其他。将摆缝、下摆贴边和后衣片分别烫平服。把衣服纽扣扣好、放平，烫平左右衣片。

三、女衬衫的质量要求

（1）符合成品规格。

（2）领头、领角长短一致，装领左右对称，领面有窝势，面、里松紧适宜。

（3）压缉领面要离开领里脚0.1cm，不超过0.2cm，不能缉牢领里脚。

（4）装袖层势均匀，两袖前后准确、对称，袖口裥均匀。

（5）底边宽窄一致，缉线顺直。

小窍门

巧装翻领

常用装领方法：如图7-4-15（1）（2）（3）（4）（5）（6）所示。

（1）从左襟起针，将挂面按止口折转，衣片的正面相对，绱领点对准，领面的正面朝上，夹在衣片与挂面的中间，领角与领圈的缝头并齐，挂面、领面、领里、衣片一起缉合，缝头为0.8cm。

（2）离挂面1cm处，挂面、领面、领里、衣片上下五层一起打剪口，剪口深为0.7cm。

（3）将挂面与领面向上掀起，缉领里与衣片两层，缝头为0.8cm，吃势要均匀，注意在肩缝、后中处领片对位点要正确，左右肩缝倒向后身。领子右边的绱法同左，要注意左、右衣片两边的搭门要对称，领角长短要一致。

（4）将衣片、领片摆正，在挂面剪口处，把领圈缝头向领片方向折净，领面盖没缉线。在领面的下领口缉0.1cm的明线，缉线从眼刀部位开始，不要缉牢领里，不可有漏缉现象。起、止针要回针缉牢，左右肩缝和领中不可偏斜，领面不可出现链形。

上述安装翻领的方法，在翻领的下口出现一条0.1cm宽的明线，初学者对于明缉线的宽度、领里与领面的松紧控制不好，常出现起链、歪斜的现象，可尝试下述绱领方法，如图7-4-16（1）（2）（3）（4）（5）所示。

首先，将前衣片的搭门缝制好并烫平服，注意左、右衣片搭门的宽度要一致。其次，将衣片摆正，正面朝上，领面正面朝上，领头与绱领点对准，衣身、领里、领面三层一起缝合，缝头为1cm。然后，将领口处领里、衣身的缝头剪掉，留0.4cm。最后将领面的缝头向里包转，沿着下口缉0.1cm的明线。完成后的衣领下领口处形成两道明线，距离为0.5cm。

图7-4-15
常用装领方法1

图7-4-16
常用装领方法2

思考与练习

1. 思考暗门襟放缝。
2. 制作暗门襟应注意什么?
3. 做装饰花边时应注意什么?
4. 怎样安装立领?
5. 自行设计制作一款长袖女式衬衫。

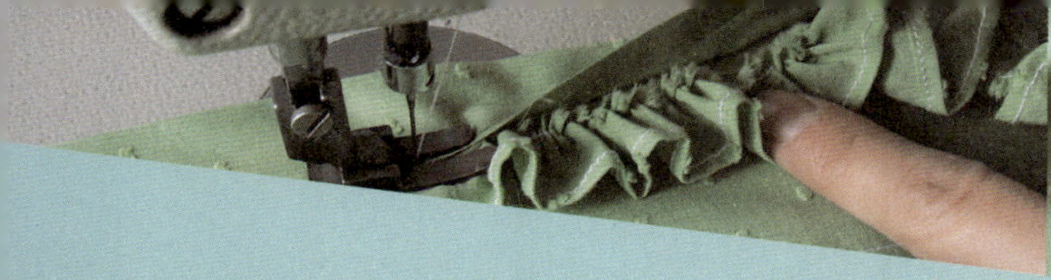

第八章
立翻领女衬衫

图8-1-1
立翻领女衬衫外形

第一节 放缝、排料

一、外形概述

立翻领，门、里襟处加有装饰花边，左襟开五个扣眼；前身有折裥装饰，横省、腰省左右各一个；后身收腰省左右各一个；收腰身；装袖，泡袖，袖口滚边，如图8-1-1所示。

二、放缝

如图8-1-2（1）（2）所示。

（1）前片：左、右衣片止口处由中心线向外放1cm，左右衣片肩缝、领口、袖窿、侧缝处放缝1cm，底边放缝2.5cm。

（2）后片：肩缝、领口、袖窿、侧缝处放缝1cm，底边放缝2.5cm。

（3）袖片：袖山弧线、袖底缝、袖口处放缝1cm。

（4）领片：领面、领里按照领样板一周放缝1cm。

三、辅料

（1）领衬：采用无纺衬，大小同领里、领面。

（2）纽扣：直径1cm的纽扣5个。

四、算料、排料

如图8-1-3所示，门幅：110cm。用料：衣长×2+6cm。

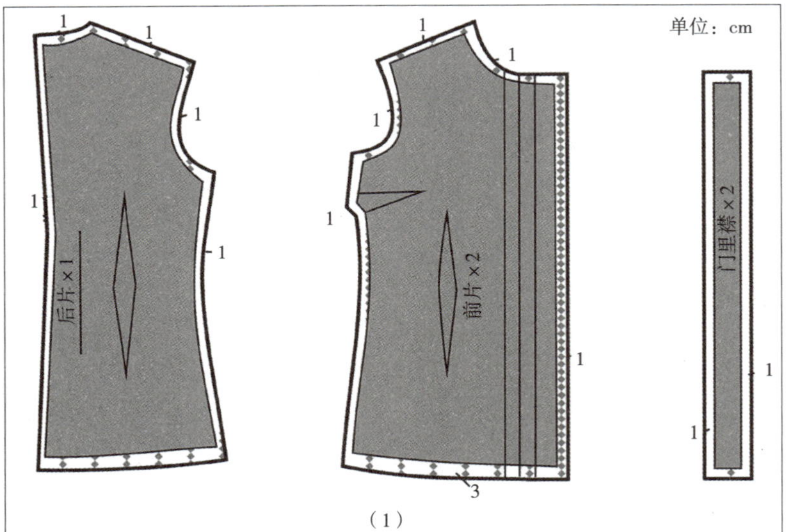

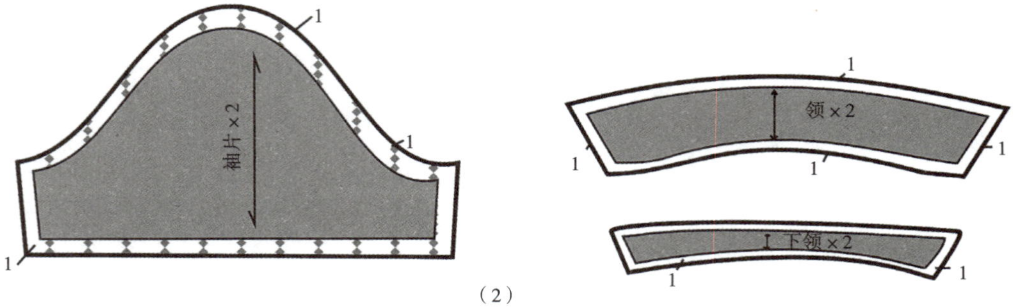

图8-1-2
放缝

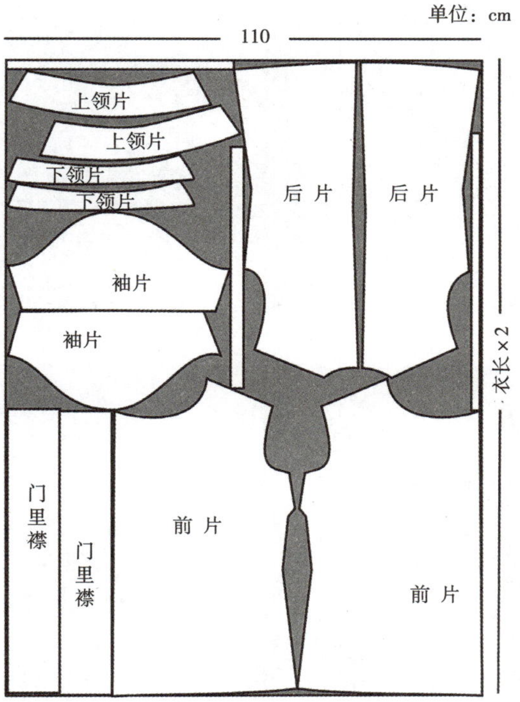

图8-1-3 算料、排料

第二节 前、后身工艺

一、工艺流程

做缝制标记→收省、烫省→做折裥→做门、里襟→缝合肩缝

二、操作步骤

1. 做缝制标记

前、后衣片：横省、省、裥位、底边贴边宽。袖片：对肩眼刀。

2. 收省、烫省

►第一步：收前、后腰省、横省。根据省的大小，将衣片的正面相对，按照省中线对折，由省尖缉至省中至省尖，省尖缉尖，两片省长短一致，省尖处留线头4cm，打结后剪短。

►第二步：烫省。烫省时要把服装放在布馒头上，这样才可烫出服装的立体感，能更好的符合于人体，省尖部位的胖形要烫散，不可有折裥现象。

►第三步：缝合后中缝。将左右衣片正面相对，按照规定的缝份大小由领口缝止底边，在平缝时，用右手稍向后拉伸下层衣片，左手稍向前推送上层衣片，使上、下层衣片同步前进，要保持上下层松紧一致，上下缝头宽窄一致，如图8-2-1所示。

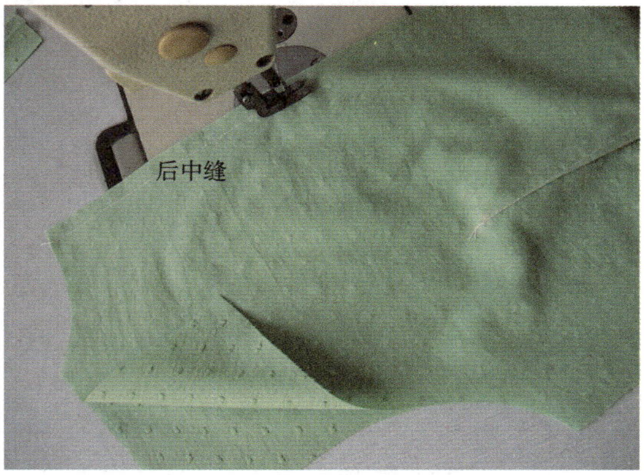

图8-2-1 缝合后中缝

3. 做折裥

在左、右衣片的正面缉折裥做装饰，每条折裥缉线0.4cm，向袖窿方向坐倒。要严格按照前衣片的规格尺寸，排列整齐、均匀，如图8-2-2（1）（2）（3）所示。

4. 做门、里襟

►第一步：烫门襟。先将6cm宽的里襟用料烫折0.8cm，再根据里襟的宽度烫折2cm，完成后，下层要多出1cm缝头，如图8-2-3所示。

►第二步：做装饰花边。面料同衣身，毛宽2.5cm左右，净宽1cm。

先将其一边卷边，宽0.3cm，之后长针脚车缉另一边，也可用手缝针拱针针法缝一道，把线逐渐抽紧，使缝头收拢，产生自然的、均匀的细裥，如图8-2-4所示。

►第三步：安装里襟。将里襟的正面与右衣片的正面相对，由领口至底边缉1cm一道，缝头宽窄要一致，上下层松紧要均匀，如图8-2-5所示。

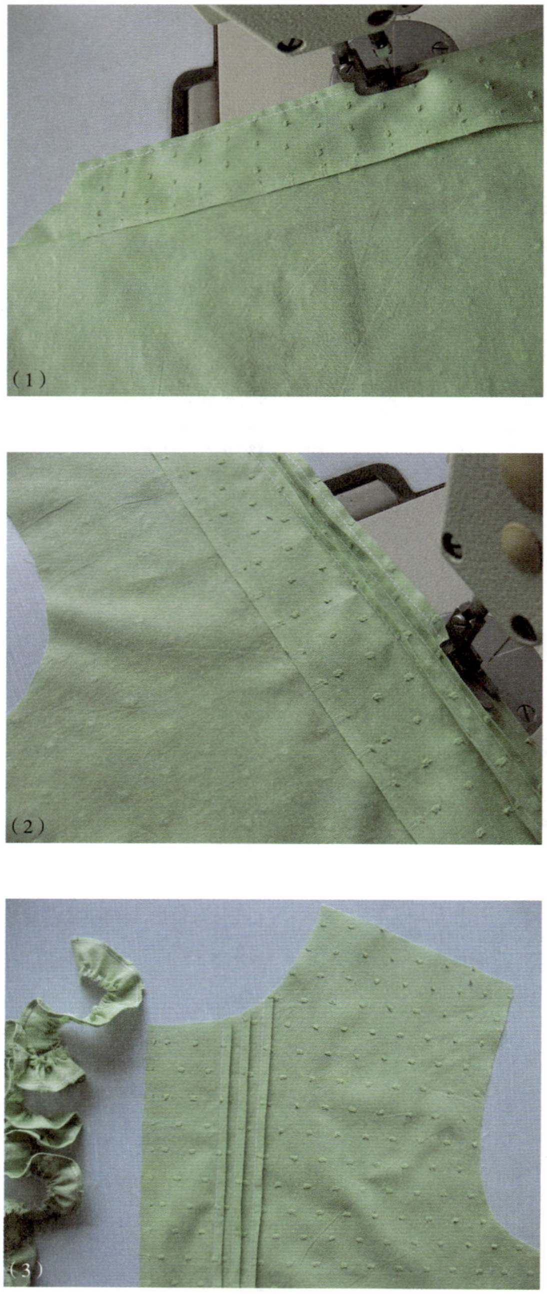

图8-2-2 做折裥

图8-2-3 烫门襟

图8-2-4 做装饰花边

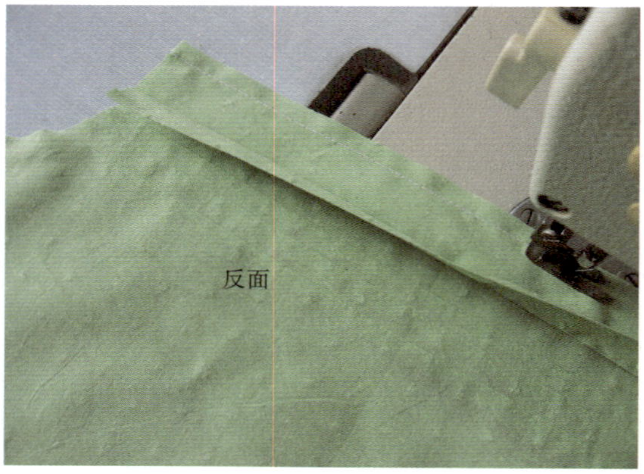

图8-2-5 安装里襟

►第四步：压明线。里襟反转后正面，放入装饰花边，压缉0.1cm一道线，压线最好不要缉住下层，以正好在下层边缘为佳。左、右片装饰花边的长度、宽度、稀疏程度要一致，做到左右对称，如图8-2-6（1）（2）（3）所示。

5. 缝合肩缝

前后肩缝正面相叠，前片放上面，后衣片外肩稍归拢，前衣片外肩稍拔宽，吃势均匀，缉线1cm，然后进行拷边，缝头向后衣片倒烫，如图8-2-7所示。

图8-2-6　缉装饰花边

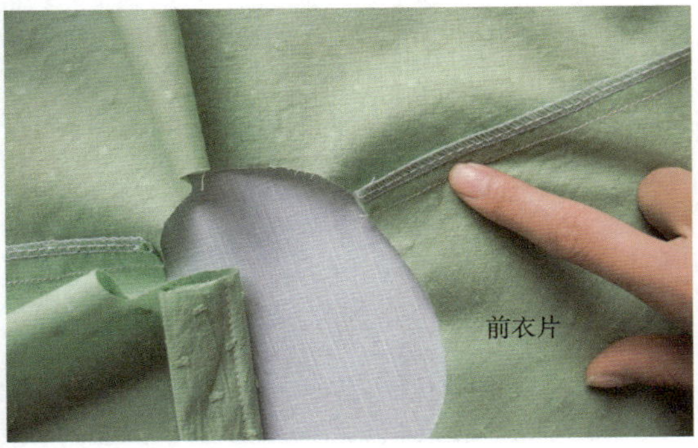

图8-2-7　缝合肩缝

第三节　做领、装领

一、工艺流程

烫领衬→缝合领里、领面→缉里领→装领

二、操作步骤

1. 烫领衬

领衬的大小同领里、领面，将领衬平整的粘在领里、领面的反面。粘衬前，领片的位置一定要摆正，要防止粘衬后衣片变形，如图8-3-1所示。

2. 缝合领里、领面

►第一步：划领样。先根据样板在领面的反面划样，再根据样板将底面下口缝头折转包紧、烫干。

►第二步：缝合领里、领面。将领面与领里的正面相对，装饰花边放在两层中间，根据划好的领样缉领，领角处不可缺针或过针，之后修剪领外口的缝头，留0.3cm。

►第三步：修剪外领口。为了减少外领口的厚度，避免熨烫时出现亮光，要修剪外领口的缝头，留0.3～0.5cm。

►第四步：烫领。用熨斗扣止口，缝头倒向领面，再用锥子将领尖完全挑出来，但不能把领面挑破，领尖角大小要一致，用熨斗在领反面沿止口烫平。翻出领头，领角翻足，两角

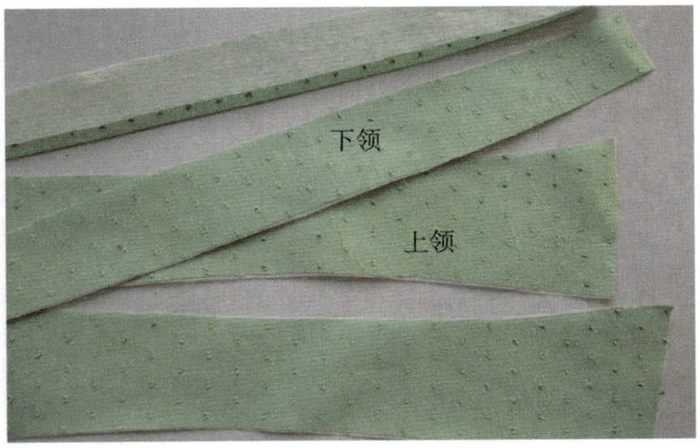

图8-3-1　烫领衬

对称一致，可用锥子整理一下，翻好后烫出里外均匀，领里不可外露，如图8-3-2所示。

▶第五步：缉外领止口。在翻领面上，沿止口边缉一道，止口宽度为0.1cm，在领两头1/3处不可接线，明线要整齐，宽度不定，操作时要把领面向前推送，严防领面起泡、起皱。之后，将领子放在布馒头或烫凳上烫领，领角处要烫出向里弯的窝势，如图8-3-3（1）（2）所示。

图8-3-2 烫领

3. 缉里领

▶第一步：缉里领。先修外翻领下口，留缝头0.7cm，做出对位标记。将外翻领的领面朝上，放在下领（底领）的面、里中间，绱领点左右对准缉合上、下领。下层领片不可有吃势，中间眼刀三层对准，缝头宽窄要均匀，不可有跳针或浮线的现象，起落针回针缉牢，如图8-3-4（1）（2）所示。

▶第二步：烫领。先将底领翻到正面烫平，再修剪下领口缝头。大小同领圈缝头。做绱领标记，在后中、肩缝对位处打0.3cm深剪口，如图8-3-5所示。

4. 装领

▶ 第一步：绱领。将衣片的正面朝上与领里正面相对绱领，缝头的宽窄要一致，缉缝为0.8cm。注意在肩缝、衣片后领中要对位，衣领不偏斜，领圈中途不可拉还或归拢，起落针回针缉牢，如图8-3-6所示。

图8-3-3 缉外领止口

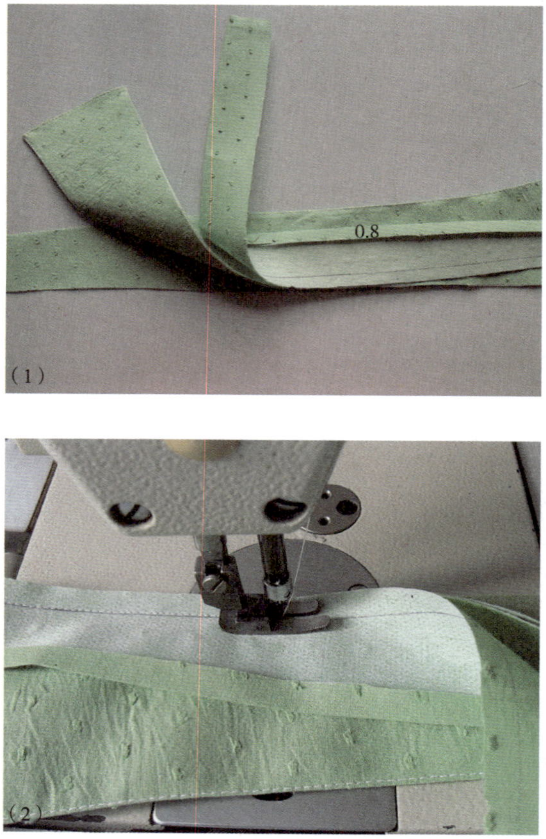

图8-3-4 缉里领

图8-3-5　烫领

图8-3-6　绱领

▶第二步：压领。将领口缝头放入领面、里之间，沿着底领领口的边缘缉0.1cm明线，线迹要整齐、美观，领面与领里的松紧要适宜，上、下层保持松紧一致，左、右肩缝和背中缝不能偏移，防止领面不平服或起链，如图8-3-7（1）（2）（3）所示。

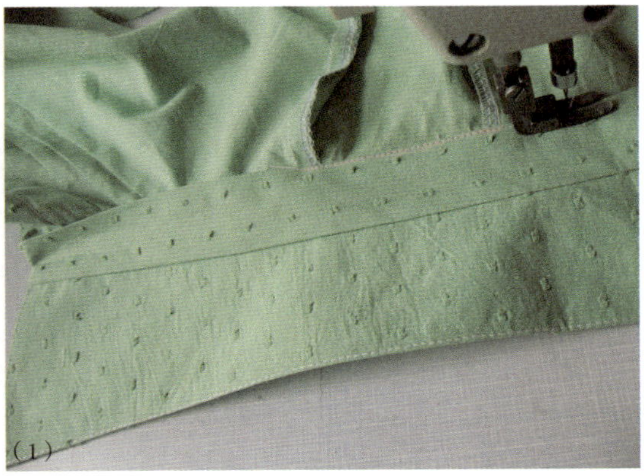

图8-3-7　压领

第四节　做袖、装袖

一、工艺流程

抽袖山折裥→装袖→缝合侧缝、袖底缝→滚袖口→卷底边→锁眼、钉扣→整烫

二、操作步骤

1. 抽袖山折裥

袖片前后10cm处长针脚缉一道，缝头宽0.5cm。之后将缝线稍拉紧做出袖山折裥，抽出的细裥要均匀、整齐，如图8-4-1所示。

2. 装袖

把袖子放上层，大身放下层，便于掌握袖山碎裥的稀疏，袖片与衣片正面相叠，袖窿与袖山比齐，袖山头眼刀对准肩缝，肩缝倒后身，缉线0.8～1cm，然后拷边（袖口抽碎裥的方法同袖山碎裥），如图8-4-2（1）（2）所示。

3. 缝合侧缝、袖底缝

将前衣片放上层，后衣片放下层平缝。右身从袖口向下摆方向缝合，左身从下摆向袖口方向缝合，袖底十字缝对齐，上下层松紧一致，然后锁边，如图8-4-3所示。

4. 滚袖口

将滚条正面与袖片的正面相对，按照1cm的宽度缝合，再翻转滚条，折净滚条的另一边毛缝0.5cm，如图8-4-4（1）所示。之后翻转滚条，包紧袖口的边缘，在正面滚边上缉0.1cm清止口，如图8-4-4（2）所示。

5. 卷底边

先将贴边按线钉或粉印折转，并将贴边毛边向内折光，折入的宽度为0.5cm左右，之后沿边缘缉0.1cm的缝，不可有漏针现象，如图8-4-5所示。

图8-4-1　抽袖山折裥

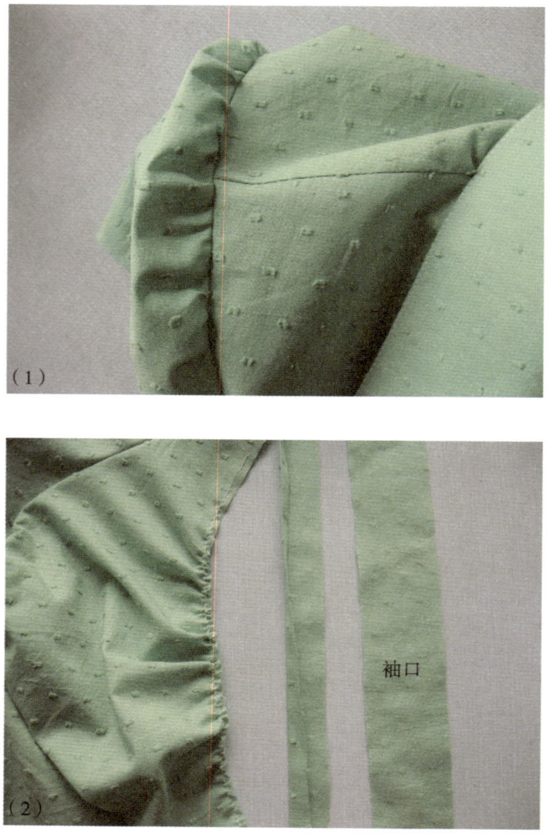

图8-4-2　装袖

图8-4-3　缝合侧缝、袖底缝

图8-4-4　滚袖口

6. 锁眼、钉扣

（1）门襟锁眼：门襟锁横扣眼五个。扣眼进出位置在搭门线向止口偏0.1cm，眼大根据纽扣大小，一般为1～1.5cm，扣眼高低位置，第一个扣眼离领口深8cm，离止口1.8cm，其他扣眼距离根据规格要求。

（2）钉纽扣：里襟处将门里襟比齐，眼与扣位置对应，钉纽扣五粒。

7. 整烫

熨烫前若有污渍，先洗刷干净。

►第一步：烫门里襟。遇到扣眼只能在扣眼旁边熨烫，不宜把熨斗放在扣眼上熨烫。衣服上的纽扣，特别是塑料纽扣，不能与高温熨斗接触，否则会烫坏纽扣。

►第二步：烫止口折裥。要将折裥放均匀，理齐，用熨斗横推熨烫。

►第三步：烫领。先烫领里，再烫领面，然后将衣领翻折好，烫成圆弧状。

►第四步：其他。将摆缝、下摆贴边和后

图8-4-5　卷底边

衣片分别烫平服。把衣服纽扣扣好、放平，烫平左右衣片。

三、立翻领女衬衫的质量要求

（1）符合成品规格。

（2）领头、领角长短一致，装领左右对称，领面有窝势，面、里松紧适宜。

（3）止口装饰花边均匀、美观。

（4）前衣身折裥整齐、均匀。

（5）袖碎裥均匀，两袖前后准确、对称，袖口裥均匀。

（6）底边宽窄一致，缉线顺直。

小窍门

怎样使缉好的圆角与样板大小一致、不走样?

在样板的拐角处剪成所需要的弧度，要剪顺，不能出现锯齿状，之后将样板垫在被缝布料净印处，沿着样板的边缘缉圆角，注意不要缉着样板，在缉线的过程中样板不要松动。用这种方法车缝出来的线迹规范、与样板误差小，如图8-4-6（1）（2）所示。

图8-4-6
怎样使缉好的圆角与样板大小一致

思考与练习

1. 制作门襟应注意什么?
2. 装泡泡袖时应注意什么?
3. 怎样制作、安装立翻领?
4. 自行设计制作一款短袖女式衬衫。

第九章
男衬衫缝制工艺

第一节　放缝、排料

一、外形概述

该款为单胸袋、由上下领盘组合而成的小尖领，后身有托肩（复司），门襟钉纽扣六粒，袖口钉纽扣两粒，如图9-1-1所示。

图9-1-1
男衬衫外形

二、放缝

（1）前衣片：止口处放3.5～4cm。领口、袖窿、肩缝、摆缝处放1cm，底边处放2cm。

（2）后衣片：袖窿、肩缝、摆缝处放1cm，底边处放2cm，托肩（复司）一周放缝1cm。

（3）袖片：袖窿弧线、袖底缝、袖口处放1cm，袖开衩、袖克夫一周放缝1cm。

（4）领子：上、下领片依据领样一周放缝1cm，领衬依据领样。

（5）口袋：依据样板，袋口处放缝5cm，其他放缝1cm。

如图9-1-2（1）（2）所示。

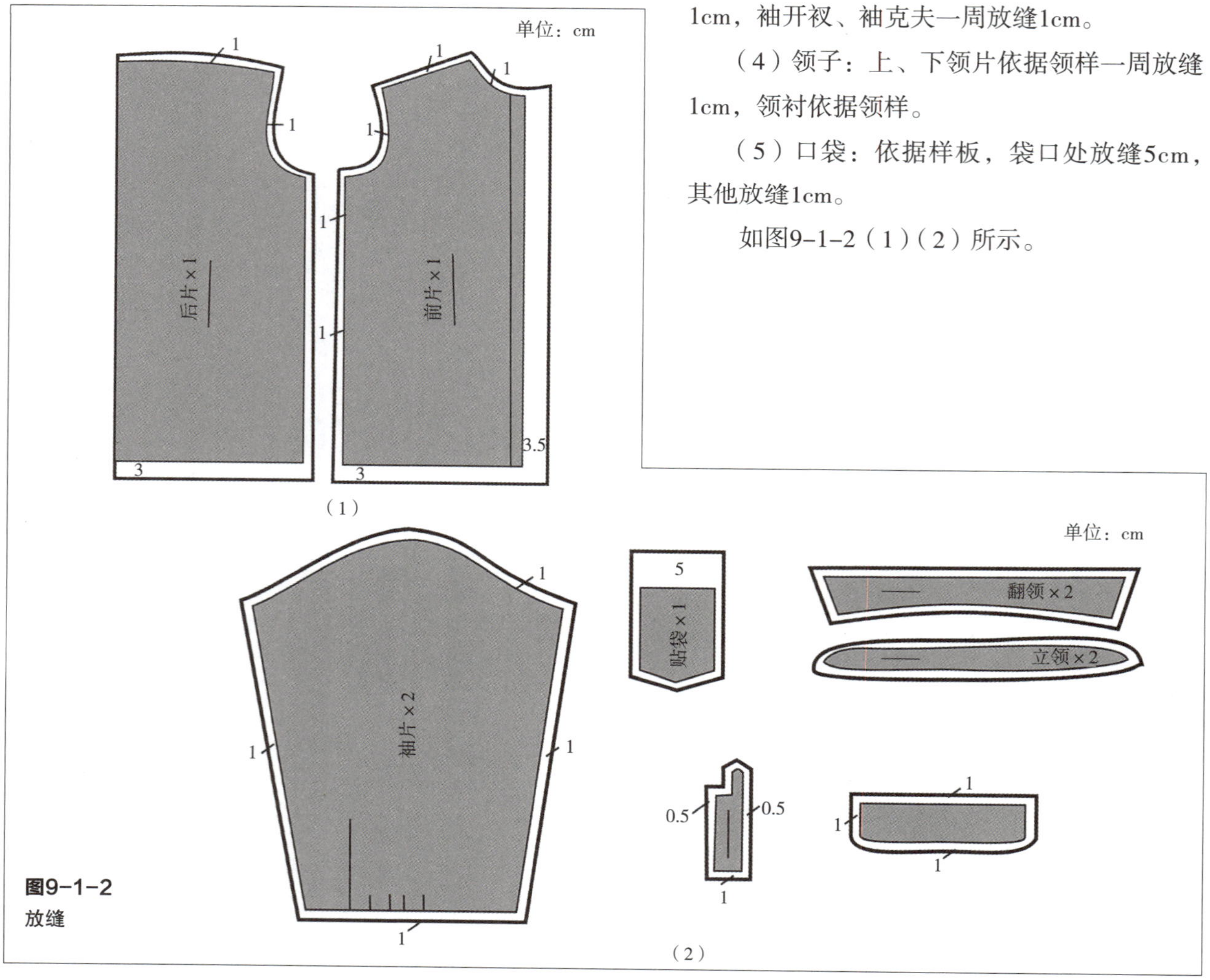

图9-1-2
放缝

三、辅料

（1）翻领：依据领样下领口放缝0.7cm。（2）立领：依据领样大小。（3）袖口衬：以净样配制。（4）纽扣10粒。

四、算料、排料

如图9-1-3所示。规格：胸围110cm。门幅：110cm。用料：衣长×2+袖长。

单位：cm

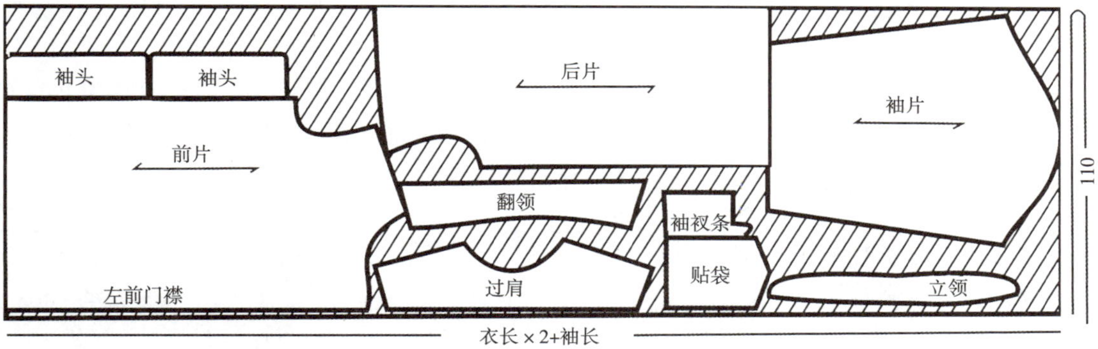

图9-1-3
算料、排料

第二节　前、后衣身工艺

一、工艺流程

烫止口→缉止口→烫袋→贴袋→装复司（托肩）→缝合肩缝

二、操作步骤

1. 烫止口

先将止口处毛边向内烫折0.6cm，之后以领口刀眼为准，顺直平烫，条格要以叠门线为中心，左右要对称，止口贴边宽3cm左右，如图9-2-1所示。

2. 缉止口

在衣片的正面缉3cm宽的明线，固定止口贴边上下层，缝线要顺直、宽窄一致，不可有链形，如图9-2-2（1）（2）所示。

3. 烫袋

根据口袋的大小，先将袋口向里折两层，卷边宽2.5cm，其他边口按净样板扣烫，袋底尖角居中。面料有条格的或斜丝的必须对齐，要对称。袋口边缝不可虚空，一周要烫平、烫实，如图9-2-3（1）（2）所示。

图9-2-1　烫止口

（1）

（2）

图9-2-2
缉止口

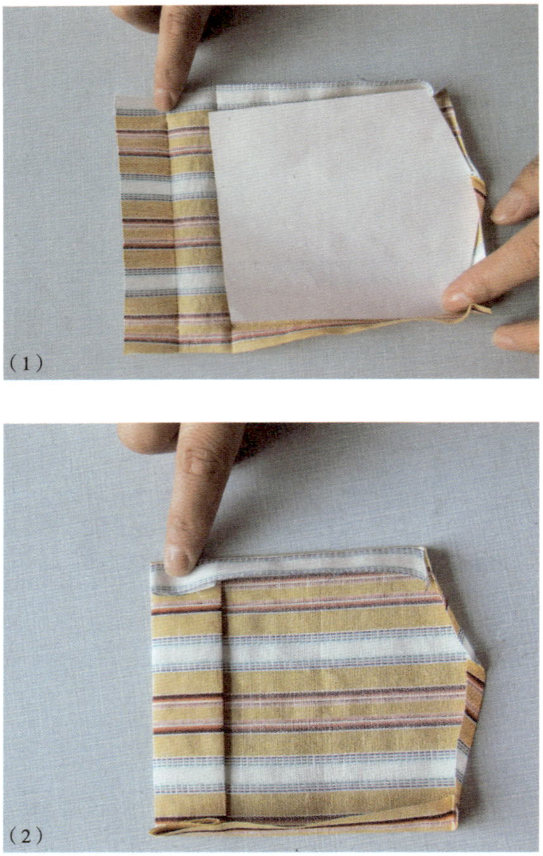

图9-2-3
烫袋

4. 贴袋

将口袋平整地放在衣片装袋的划粉位置上，位置要放正，不歪斜，有条格的要对齐衣片条格，钉袋高低和进出必须按要求盖没钻眼0.3cm，沿边缉止口0.1cm，封口两端为直角三角形或长方形，宽0.5cm、长2.5cm或长以贴边宽为准，起针、落针要打回针。操作时左手按住袋布，右手稍微把大身拉紧，以防止袋身不平服，缉线要整齐、顺直，如图9-2-4所示。

5. 装复司

►第一步：将复司正面相对，后片正面向上，后片夹在两层复司中间，三层中点的刀眼必须对准，缝合后平烫，不能有坐势，如图9-2-5（1）（2）所示。

►第二步：将复司里、面对齐，以复司面为标准修齐，领圈修圆顺，在后领弧中间剪一刀眼做标记，刀眼深为0.3cm，如图9-2-6（1）（2）所示。

6. 缝合肩缝

►第一步：将前衣片的正面朝上，复司里层与前肩缝缉合，缝头为1cm，如图9-2-7所示。

►第二步：将前片肩头夹在两复司中间烫平服，复司面1cm缝头向内烫折，如图9-2-8所示。

►第三步：将复司面扣转后压缉0.1cm清止口，不可露出第二步的缝线。如图9-2-9所示。

图9-2-4　贴袋

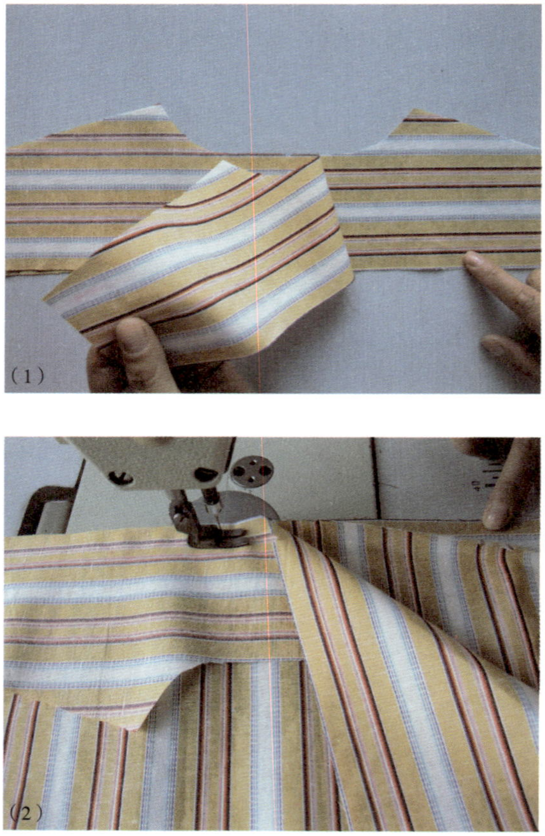

图9-2-5　装复司1

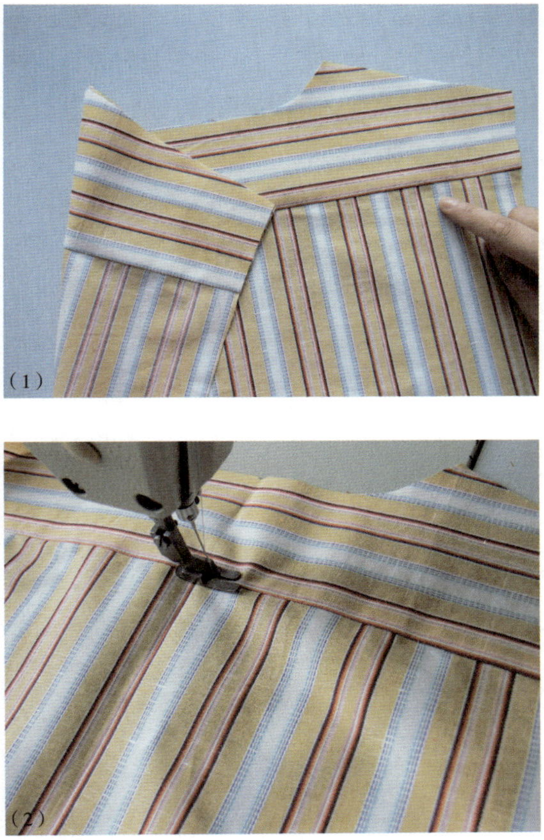

图9-2-6　装复司2

图9-2-7　缝合肩缝1

图9-2-8　缝合肩缝2

图9-2-9

缝合肩缝3

第三节　做、装衣领

一、工艺流程

烫领衬→做领→装领

二、操作步骤

1. 烫领衬

将领衬平烫粘合在领面上，要保持领子有自然窝势。如有条格，则领尖两端横直必须要对称，领面不能小于领衬，如图9-3-1（1）（2）所示。

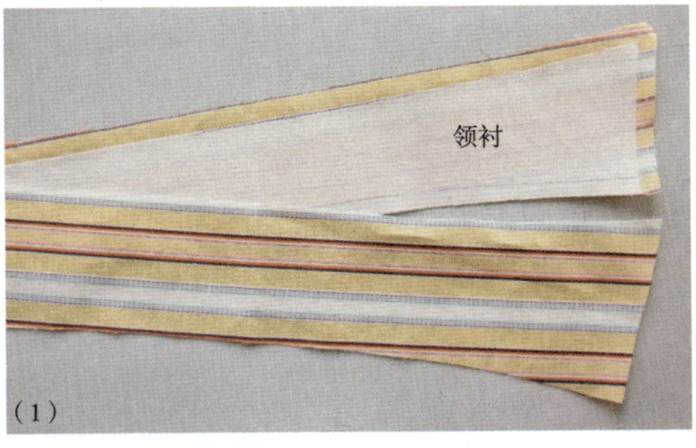

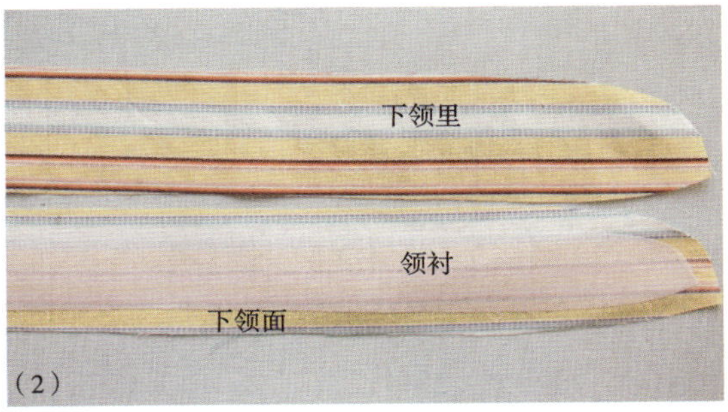

图9-3-1　烫领衬

2. 做领

►第一步：缉底领下口虚线。根据样板将底领下口的缝头烫折到反面，不可凹进凸出，沿着烫折线缉0.4cm虚线。根据样板将底领上口的形状划出，标出绱领点，上口留出0.7cm的缝头，如图9–3–2（1）（2）所示。

►第二步：缉合翻领。根据领样板在外翻领里的反面划样，将外翻领正面相对，根据划好的领样缉合上领，起落针回针缉牢。为了减少外领口的厚度，避免熨烫时出现亮光，要修剪外领口的缝头，留0.3～0.5cm，如图9–3–3所示。

►第三步：烫领。用熨斗扣止口，缝头倒向领面，再用锥子将领尖完全挑出来，但不能把领面挑破，领尖角大小要一致，用熨斗在领反面沿止口烫平，不能有坐势，如图9–3–4所示。

►第四步：缉翻领止口。在翻领面上，沿止口边缉一道，止口宽度与袖克夫止口须相同，不能缺针，领尖两角止口宽窄要对称。在领两头1/3处不可接线，明线要整齐，宽度不定，可根据领的形状、工艺规定自行设计。操作时要把领面向前推送，严防领面起泡、起皱，如图 9–3–5所示。

►第五步：缝合上、下领。先修外翻领下口，留缝头0.7cm，做出对位标记。将外翻领的领面朝上，放在下领（底领）的面、里中间，绱领点左右对准缉合上、下领。下层领片不可有吃势，中间眼刀三层对准，缝头宽窄要均匀，不可有跳针或浮线的现象，起落针回针缉牢，如图9–3–6所示。

3. 绱领

►第一步：装领。先修剪下领口缝头，大小同领圈缝头，为1cm，之后将衣片的正面朝上与底领相对，缉缝0.8cm，注意在肩缝、衣片后中处要对位，为了防止领头处有反吐现象，起、止针时领头要比衣片吐进0.1cm。领圈中途不可拉还或归拢，起落手回针缉牢，如图9–3–7所示。

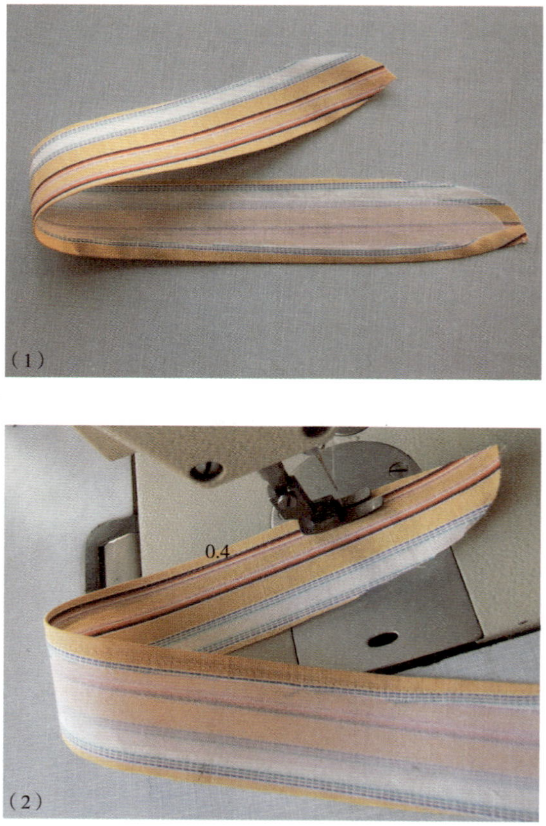

图9–3–2 缉底领下口虚线

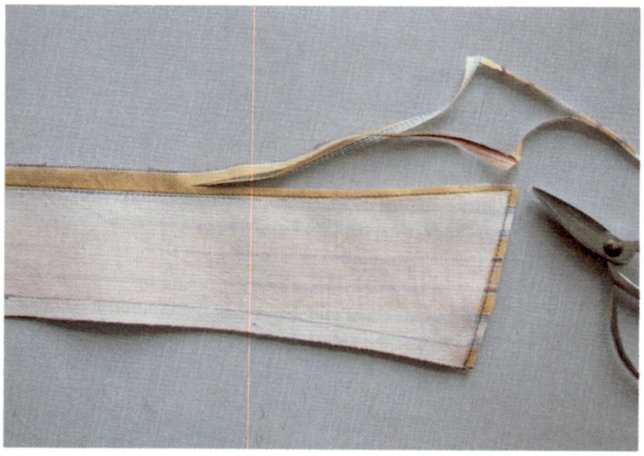
图 9–3–3 缉合翻领

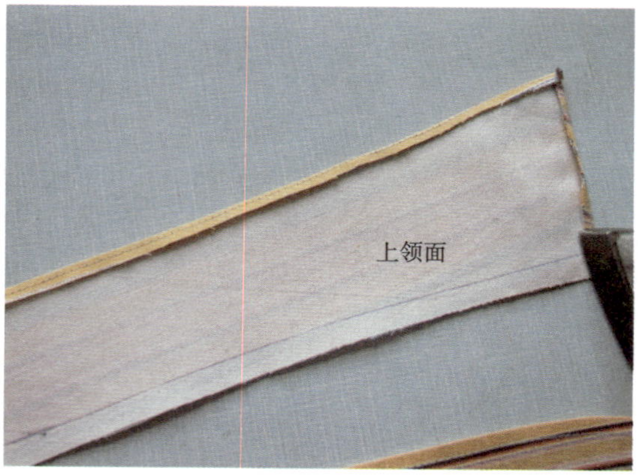

图 9–3–4 烫领

▶第二步：压明线。将绱领缝头倒向底领，在底领的下口、上下领连接处缉0.1cm明线，中途缉线不可缉牢下领夹里。为了减少领头处的线头，起、始针在肩缝前后，如图9-3-8（1）（2）（3）所示。

完工后的衣领，领面平服、不起皱，粘衬不透胶。领子左右对称，底领领头处要圆顺，上领翻折后要盖住下领盘的领脚线，上领角两端的大小要一致、平服、略带窝势，如图9-3-8（4）所示。

图 9-3-5　缉翻领止口

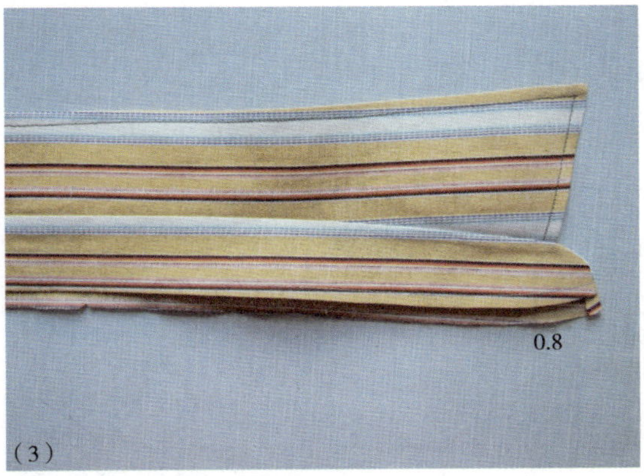

图9-3-6　缝合上、下领

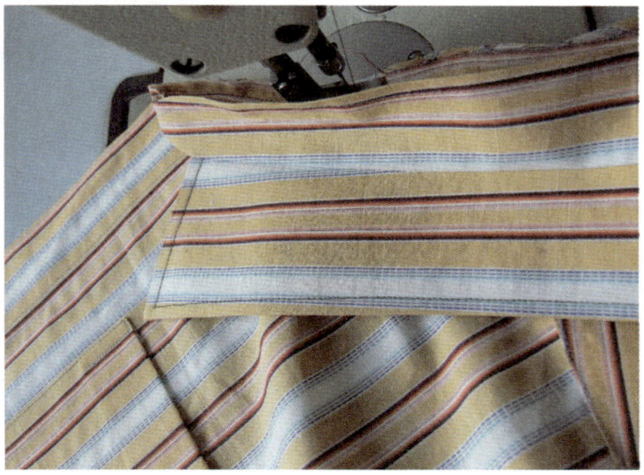

图9-3-7
装领

图9-3-8
压明线

第四节　做、装袖子

一、工艺流程

装袖衩→绱袖→缝合侧缝、袖底缝→做袖克夫→装袖克夫→卷底边→锁眼、钉扣→整烫

二、操作步骤

1. 装袖衩

►第一步：烫袖开衩。在宝剑头拐角处打一剪口，按照袖开衩样板将缝头烫折到反面，注意对折后里比面多出0.1cm，宝剑头左右要对称，如图9-4-1（1）（2）（3）所示。

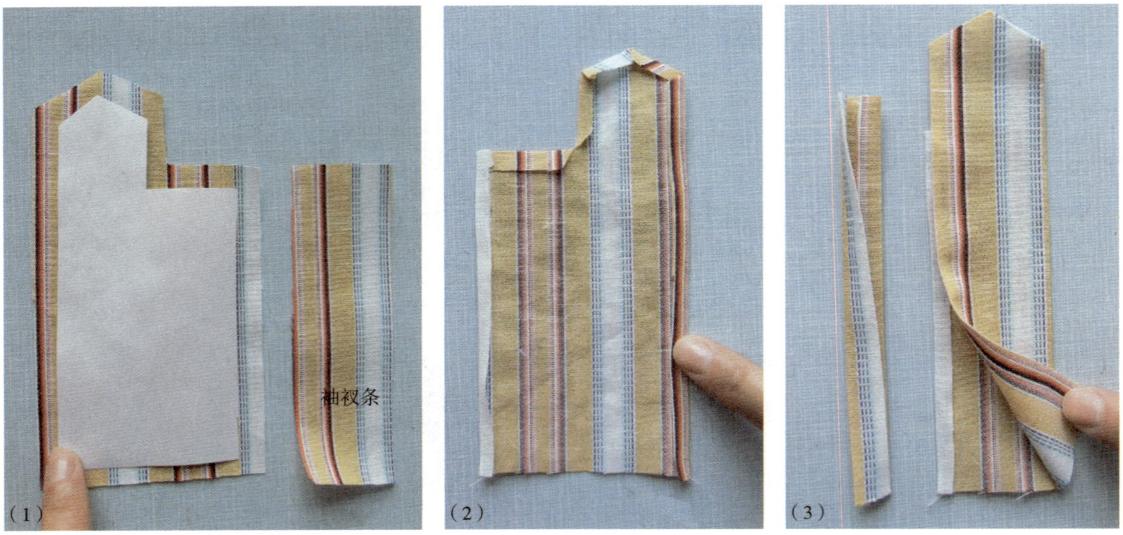

图9-4-1
烫袖开衩

►第二步：剪开衩。在袖片开衩部位按照开衩长剪开，离开衩末端1cm处剪成三角形，并将小三角烫到袖片的正面，如图9–4–2（1）（2）所示。要注意图中剪口、宝剑头开衩（门襟）、袖衩条（里襟）三者的长度。

►第三步：缉袖衩条。采用夹缝的方法缉袖衩条（里襟），缝头为0.5cm，明线宽0.1cm。要注意袖衩条末端的做法，如图9–4–3所示。

注：钉扣的一边称为里襟。

►第四步：缉宝剑头袖衩。采用夹缝的方法缉宝剑头袖衩（门襟），将袖衩与剪口比齐，如图9–4–4（1）所示。缉袖开衩缝头为0.5cm，明线宽0.1cm，要注意明缉线的方向，如图9–4–4（2）（3）所示。

2. 绱袖

►方法一：袖子放在下层，衣身放在上层，沿袖窿弧线车缝，缝宽1cm，如图9–4–5所示。

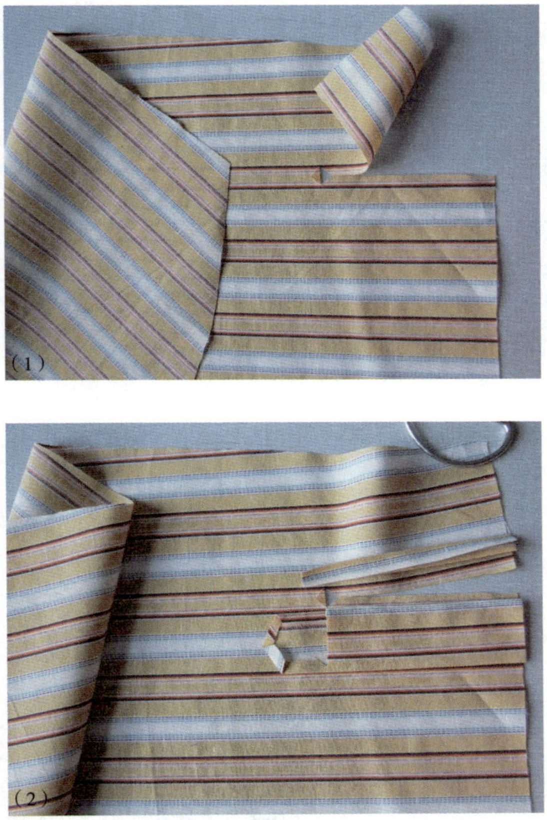

图9–4–2 剪开衩

图9–4–3 缉袖衩条

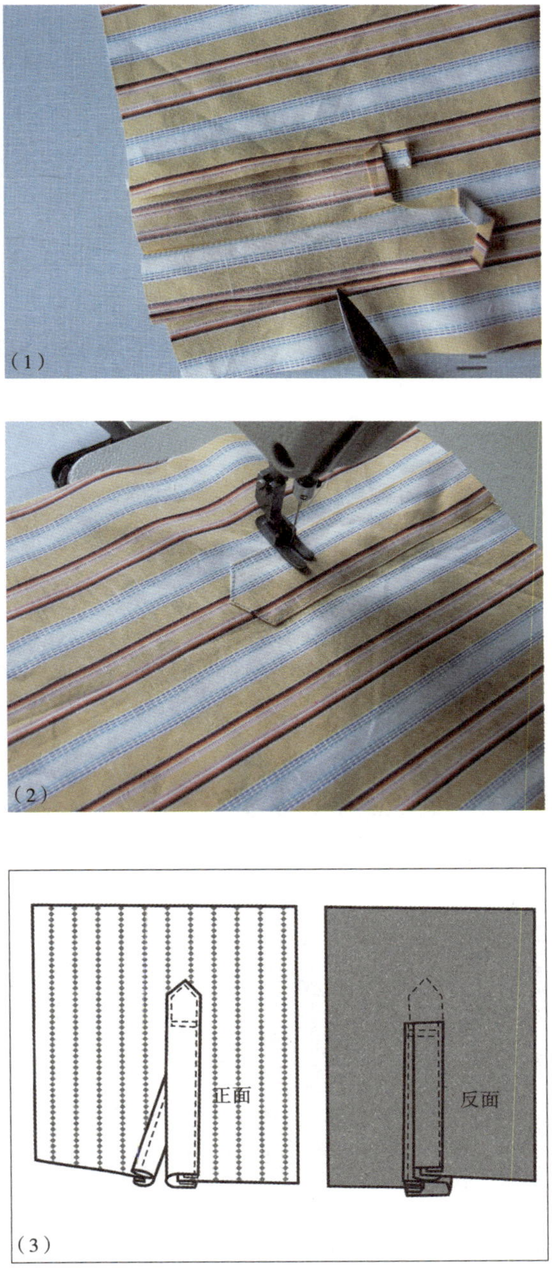

图9–4–4 缉宝剑头袖衩

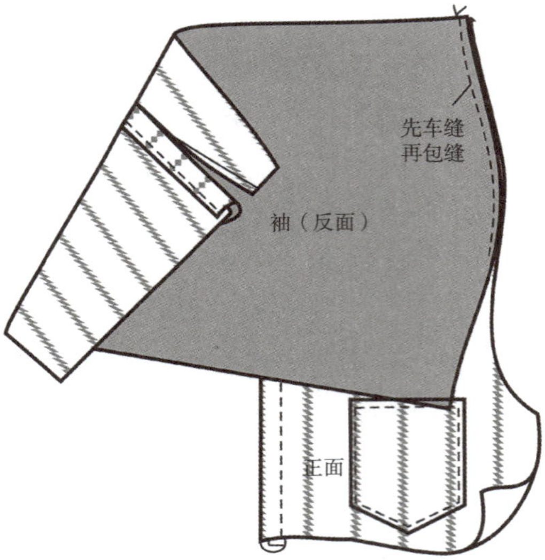

图9-4-5
绱袖1

▶方法二：采用来去缝的方法，先将袖片的反面与衣身的反面相对平缝，缝宽0.4cm，之后将毛边修齐，先将袖片的正面与衣身的正面相对平缝，缝宽0.6cm，最后将缝头倒向袖片方向烫平，如图9-4-6（1）（2）（3）所示。

3. 缝合侧缝、袖底缝

平缝袖底缝、衣侧缝，车缉一道，缝宽1cm，“+”字口处一定要对准，否则袖底缝会出现长短不一的现象，如图9-4-7所示。

4. 做袖克夫

▶第一步：粘袖克夫衬。将粘合衬与克夫面料的反面粘合，面料不能弯斜，再将袖克夫面上口1cm缝头根据样板烫折到反面，如图9-4-8所示。

▶第二步：缝合袖克夫。将袖克夫面与里正面相对，依据样板的大小缉线，缝头宽为1cm，特别在圆角处，缉线要圆顺、针脚要小些，如图9-4-9所示。

▶第三步：烫袖克夫。将缝头修剪一些，留0.3～0.5cm并将缝头分开缝烫平，用规定的

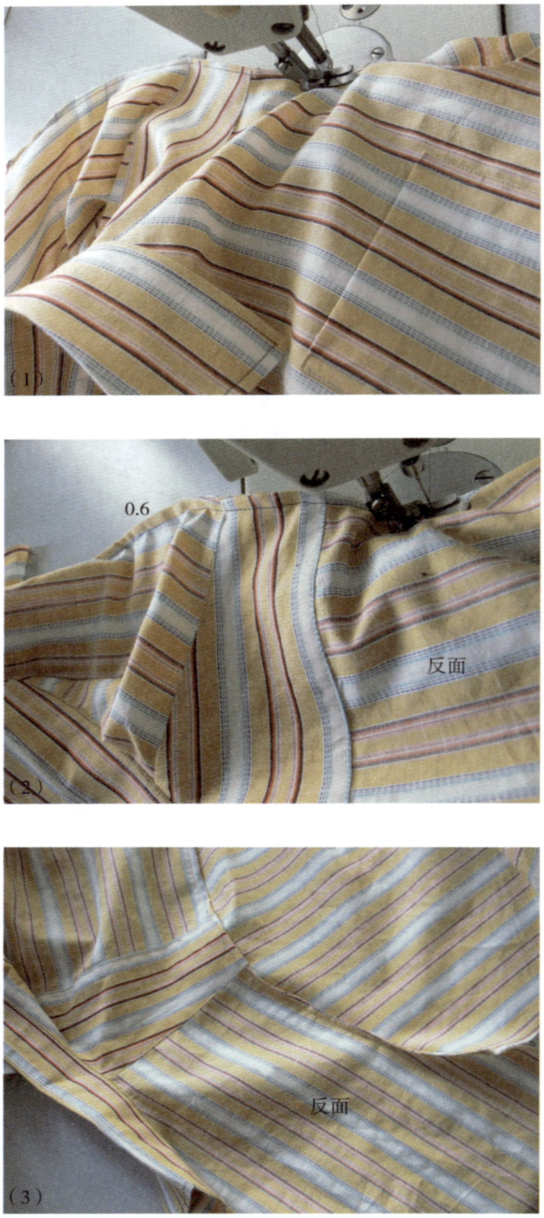

图9-4-6　绱袖2

图9-4-7　缝合侧缝、袖底缝

图9-4-8　粘袖克夫衬

图9-4-9 缝合袖克夫

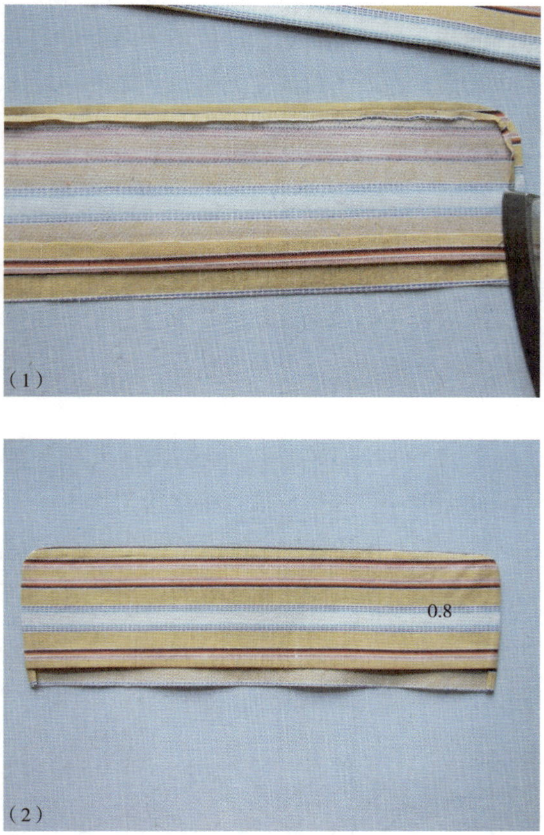

图9-4-10 烫袖克夫

样板将圆头翻足，圆角处要烫顺，对合圆头一致，袖克夫下口要烫直，整个克夫要烫煞，如图9–4–10（1）（2）所示。

5. 装袖克夫

▶第一步：做折裥。将袖片折裥向后倒，大小按标记做，折裥要整齐。完成后与袖克夫的长度要一致，如图9–4–11所示。

▶ 第二步：绱袖克夫。将袖片的反面与袖克夫里的正面相对，袖开衩两头与袖克夫

图9-4-11 做折裥

图9-4-12 绱袖克夫

两端塞齐，用平缝针法安装袖克夫，缝头为1cm，如图9–4–12所示。

▶第三步：缉克夫止口。将缝头放在面、里的中间，沿克夫的边缘缉0.1cm、0.5cm宽的双明线，一般衬衣克夫止口明线宽为0.6cm，也有宽为0.4cm的，要按规格要求操作，宽度要一致，如图9–4–13（1）（2）所示。

6. 卷衣底边

将门里襟长短对齐，根据衣长规格尺寸，底边折卷两层，离卷边宽2cm，不能起皱褶，如图9–4–14所示。

7. 锁眼、钉扣

男衬衫门襟处有6个扣眼，领座处锁横扣眼，扣眼位置需根据纽扣直径大小、在领座高的1/2处，下面5个扣眼锁为直的，距门襟处1.5cm，袖克夫左右各锁一个横开眼，距克夫

边1cm，上下在袖克夫宽度的1/2处。钉扣时，纽扣之间的距离与锁眼相同，领座锁扣定位以翻领下口边作垂线向外出0.15cm，上下居领座中间，下面5个扣定位距离里襟边1.5cm，袖克夫纽扣定位距克夫边1cm，在克夫宽的中间，如图9-4-15所示。

8. 熨烫

►第一步：烫前襟和袖子。先烫左右前襟贴边，然后烫袖口边和衣袖，衣袖以袖底缝合线为准，将衣袖烫扁、烫平，先左袖、后右袖，如图9-4-16所示。

►第二步：烫衣领和小肩。熨烫衣领时左右领角要熨成向里的窝势，左右对称。领后端要按倒烫实，领围要烫成圆型，接着把小肩部位烫实，如图9-4-17所示。

►第三步：熨烫衣身。前片摊开，将后片衣里烫平，然后扣好纽扣，将前衣片摆平，注意将衣领周围烫平，再将前衣片叠在后衣片上熨烫。熨烫后可用衣架挂起，也可折叠包装，如果是绣花衬衣，在绣花部位的下面垫一条干毛巾熨烫，保证绣花部位无皱褶，如图9-4-18（1）（2）所示。

三、男衬衫质量要求

（1）外领平挺，窝势自然，领角长短一致，左右对称。领面无起皱、无起泡。明线宽窄一致。

（2）口袋平服，缉线顺直。

（3）装袖吃势均匀。袖克夫圆头左右对称，缉明线止口顺直。袖口折裥均匀。

（4）门、里襟长短一致，卷底边宽窄一致。

（5）整烫无焦、无黄、无污渍。

图9-4-13　缉克夫止口

图9-4-14　卷衣底边

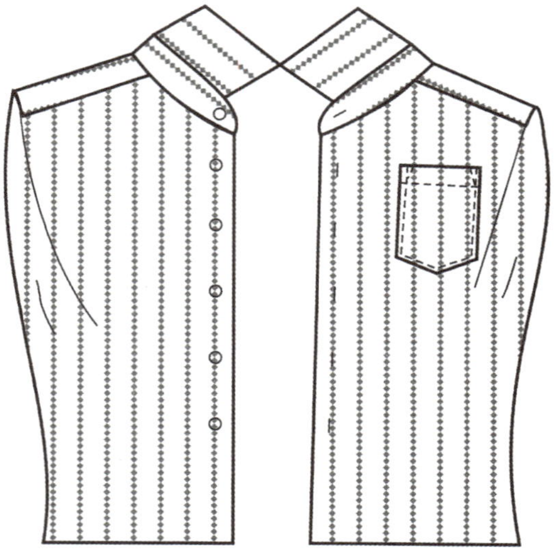

图9-4-15　锁眼、钉扣

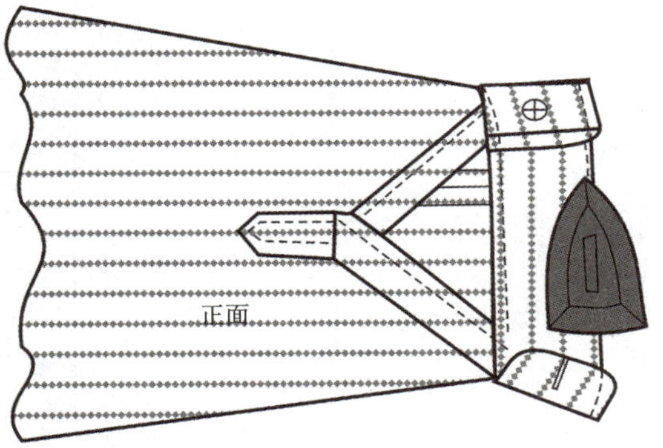

图9-4-16　烫前襟和袖子

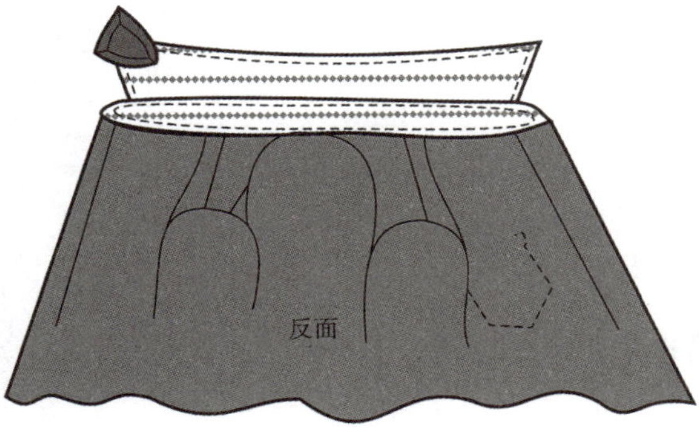

图9-4-17　烫衣领和小肩

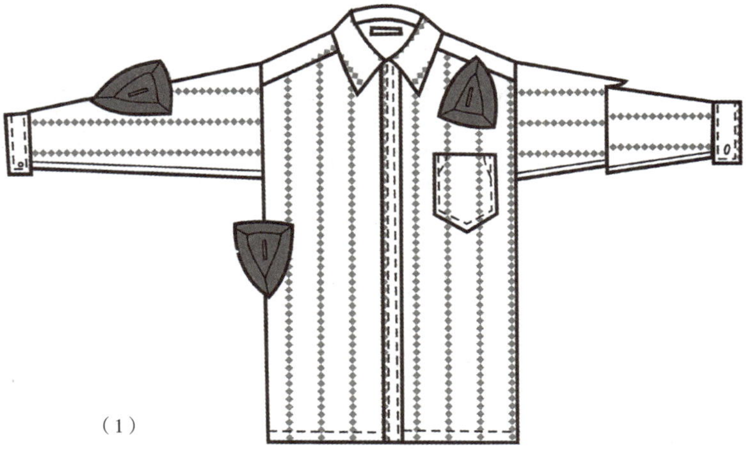

（1）

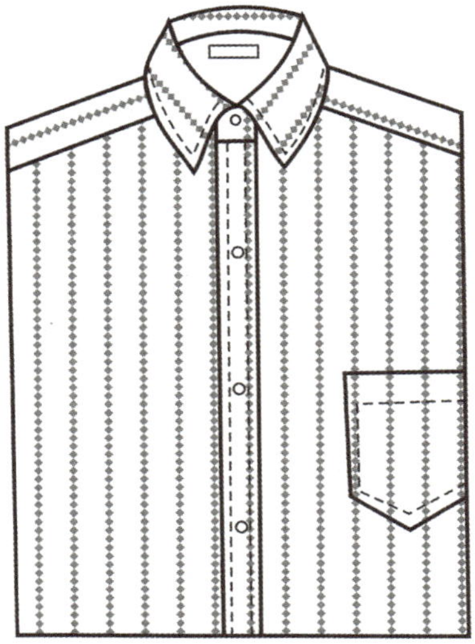

（2）

图9-4-18　熨烫衣身

小窍门

如何减少立翻领连接处的厚度

立领与翻领连接时，立领与翻领连接处有4层面料，如果加上粘合衬有8层，如果面料厚，缉明线时会出现跳线、断针的现象，熨烫后会出现烫痕。为了避免这种现象的出现，可将立领与翻领连接处的缝头一层一层的修剪掉，使其呈自然的阶梯形，这样烫出的衣领就会平服、美观，如图9-4-19（1）（2）所示。

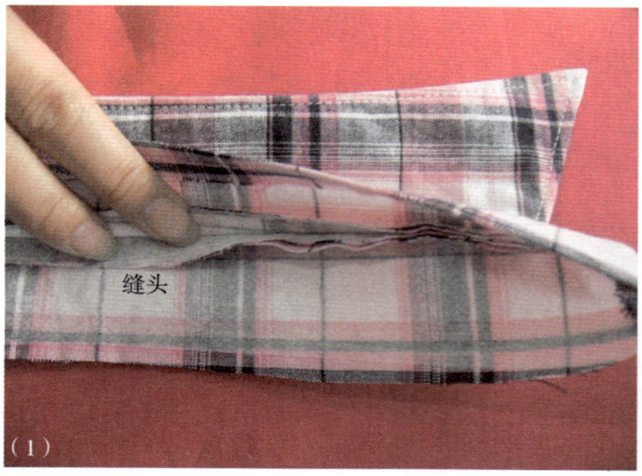

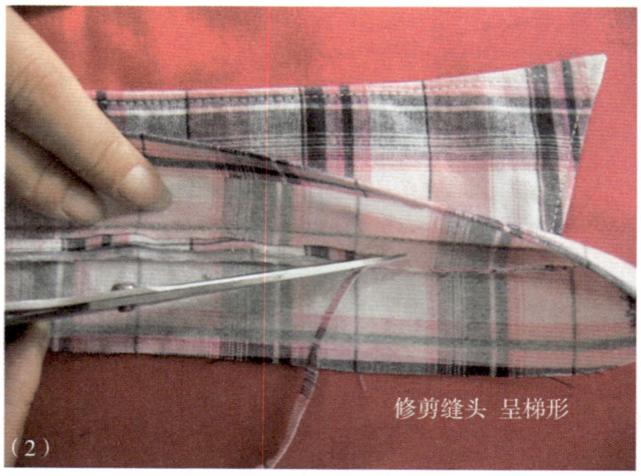

图9-4-19
如何减少立翻领连接处的厚度

思考与练习

1. 怎样使上领窝势自然?
2. 贴胸袋时应注意什么?
3. 缝合过肩应注意什么?
4. 怎样安装袖克夫?
5. 自行设计、制作男式立翻领衬衫，口袋、领型、下摆可变化。

第十章
女西服制作工艺

图10-1-1
女西服外形

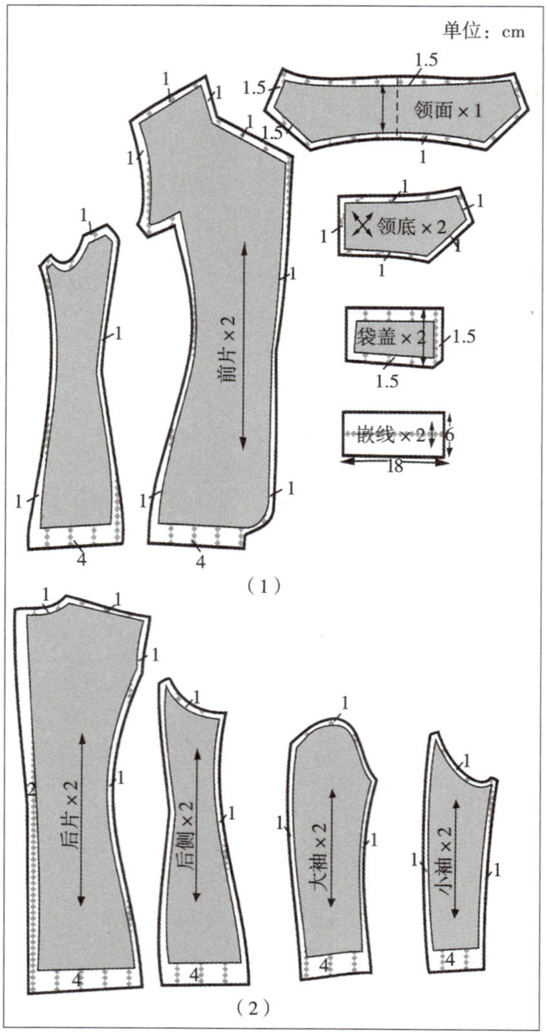

图10-1-2
面板放缝

第一节　放缝、排料

一、外形概述

四开身，前后有分割线身。平驳头、三粒扣、圆下摆。大袋单嵌线两片袖、袖口假开衩、钉装饰扣四粒，如图10-1-1所示。

二、放缝

1. 面板

如图10-1-2（1）（2）所示。

（1）前衣片：根据净样板，止口、肩缝、袖窿、侧缝部位放缝1cm，底边放缝4cm。

（2）后衣片：根据净样板，肩缝、袖窿、侧缝部位放缝1cm，后中放缝2cm，底边放缝4cm。

（3）大、小袖：根据净样板，袖山，内、外袖缝部位放缝1cm，袖口放缝4cm。

（4）领面：根据净样板，一周放缝1.5cm。

（5）领里：根据净样板，一周放缝1cm。

（6）袋盖：根据净样板，一周放缝1.5cm。

（7）嵌线用布：采用直丝道，面料同衣片，长为袋口大+3cm，宽4cm。

2. 里板

如图10-1-3（1）（2）所示。

（1）前衣里：根据前衣片，肩缝、袖窿、侧缝部位放缝0.5cm，挂面拼接处放缝2cm，底边比前衣片短2cm。

（2）后衣里：根据后衣片，肩缝、袖窿、侧缝部位放缝0.5cm，后中放缝0.5cm，后领深向下4cm止胸围线处比后衣片宽出2cm（折裥），底边比后衣片短2cm。

（3）大、小袖：根据大、小袖片，袖山、内、外袖缝部位放缝0.5cm，袖口比袖片短2cm。

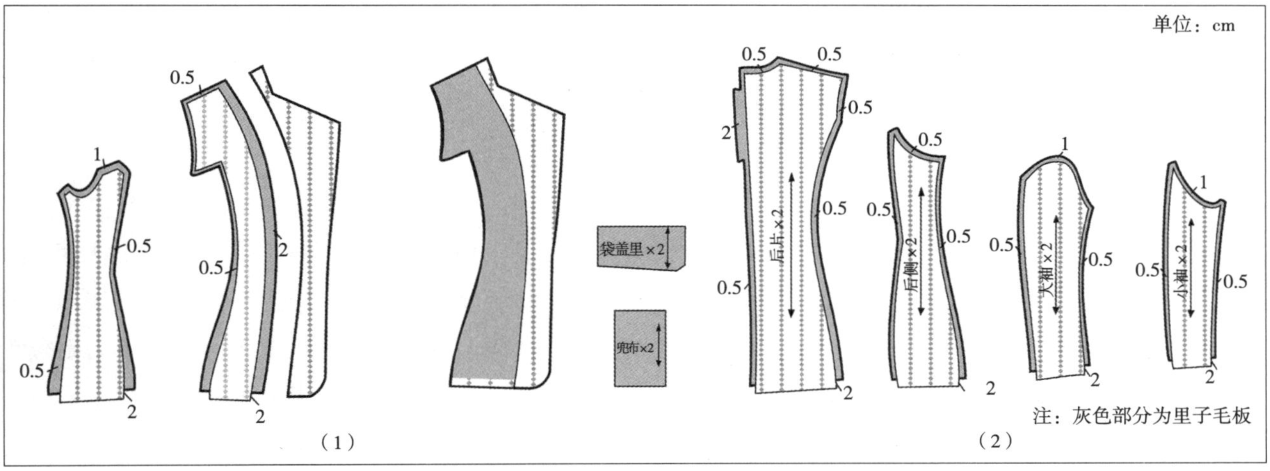

图10-1-3
里板放缝

三、辅料

（1）衬。衬布选用有纺粘合贴，粘合贴适用于完全粘合型衬布和假粘合型衬布，将衬布直接附于服装面料里侧，与面料形成一个结合体，关系密切而又协调。它大大简化了服装加工工艺，提高了缝制工效，同时由于使用了粘合衬，对服装起到造型和保形作用，使服装更加美观、轻盈、舒适，大大提高了服装的服用性能和使用价值。用衬部位如图10–1–4所示。

（2）肩棉。肩棉又称肩垫或垫肩，通常用棉花、合成纤维及平纹布组合而成，肩棉中使用的棉花以埃及棉为佳，肩棉应根据西服肩型的要求而改变自身的厚度和造型。肩棉应有弹性，不能以加工整烫而变薄，也不能以长期服用而变型。

（3）兜布。长为20～25cm，宽为袋口大+5cm，采用直丝道。采用的确良、美丽绸等薄型面料。

四、算料、排料

如图10–1–5所示。门幅：140cm。规格：胸围90～100cm。用料：衣长+袖长+10cm。

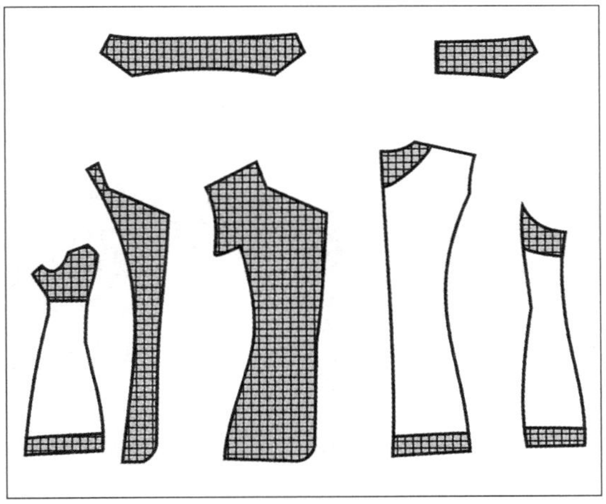

图10-1-4
用衬部位

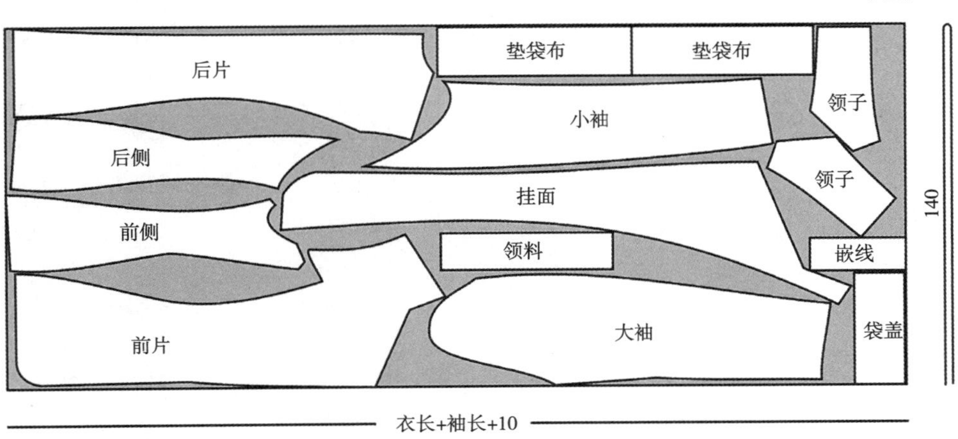

图10-1-5
算料、排料

第二节　前、后衣身工艺

一、工艺流程

做标记→粘衬→缝合前侧缝→开袋→缝合面、里后缝→缝合止口、烫止口

二、操作步骤

1. 做标记（打线钉）

前衣片：省位、袋位、绱领点、驳口线、纽位、装袖对位点、底边贴边宽。后衣片：底边贴边宽。袖片:对肩眼刀。

2. 粘衬

粘衬部位如图10-1-4所示。

3. 缝合前侧缝

►第一步：缝合前衣面。将前片和腋下片正面相对，按照净样位置车缝前身侧缝，由于分割线有折角，将衣身拐角处打0.8cm深剪口，然后将上下层对齐，按照1cm的缝头缝合，并分缝烫平，如图10-2-1（1）（2）（3）（4）所示。

►第二步：缝合前衣里。方法同面，熨烫时将缝头倒向衣身方向烫平，如图10-2-1（5）（6）所示。

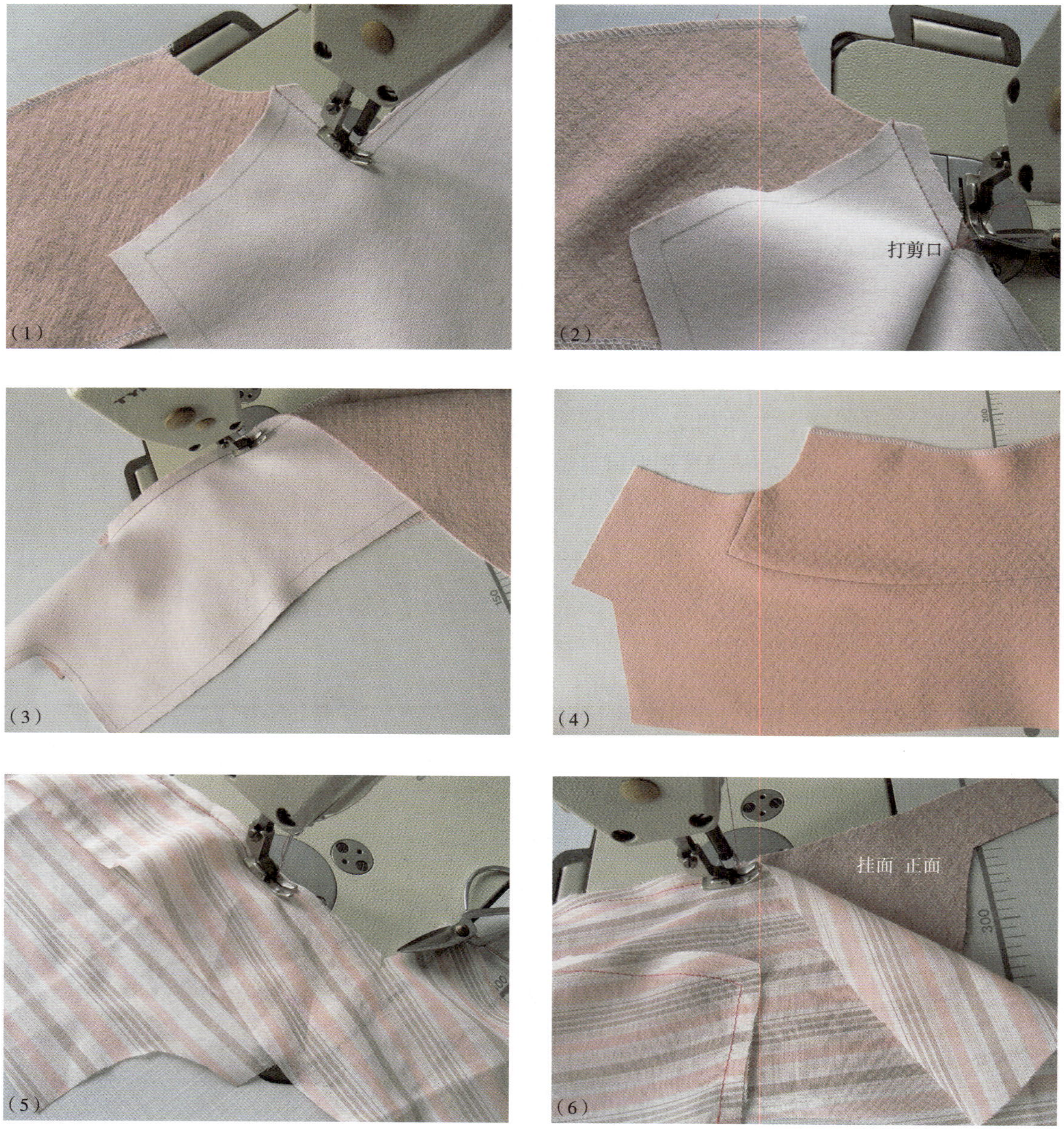

图10-2-1
缝合前侧缝

4. 开袋

▶第一步：划袋位。在前身正面准确划出口袋的位置，在衣身反面袋口位置粘无纺衬，防止开袋时袋口毛出。

▶第二步：做袋盖。先在袋盖里的反面划出净样，与袋盖面正面相对缝合，缉合时，面放在最下层，要注意圆角处袋盖面留有吃势。为了使袋盖平服，止口顺直，要修剪袋盖缝头，留0.3cm。之后将袋盖翻到正面烫平，在圆角处要烫顺，并有自然的窝势，袋盖面要有0.1cm的坐势。完成后的袋盖要求与净样板的大小相适宜，圆角正确，二格相等，里外均匀合适，如图10-2-2所示。

▶第三步：缉袋盖、嵌线。在衣片的正面开袋处，将袋盖的反面朝上，根据划好的粉线缉缝（第一条缉线）。之后缉嵌线（第二条缉线），缉线离第一条缉线1cm。两线长短要一致，起、止针时要回针，如图10-2-3（1）（2）所示。

▶第四步：开口。在两缉线中间将衣片剪开，离袋口1cm处剪成“Y”型。注意不要将缉线剪断，避免袋口毛出，也不能离缉线太远，如图10-2-4所示。

▶第五步：烫嵌线。将嵌线布翻到衣片的反面分开缝烫平，在衣片的正面形成一条宽为1cm的嵌条。袋角处的小三角翻到衣片的反面，袋口要方正、不起皱，如图10-2-5（1）（2）所示。

▶第六步：缝合兜布。将兜布与嵌线下口正面相对缝合，再将兜布对折摆正，按照1cm宽的缝头缉兜布上口、两侧，如图10-2-6（1）（2）（3）所示。

将袋口三角摆正，兜布摆平，缉线2～3道封三角，以防止袋口毛出，缉线离袋口0.1cm，如图10-2-6（4）所示。

完成后的开袋为有袋盖单嵌线开袋的形式，袋盖具有装饰与垫袋的作用。嵌线的宽窄要一致，袋口要方正、无毛出现象、松紧适宜，如图10-2-6（5）所示。

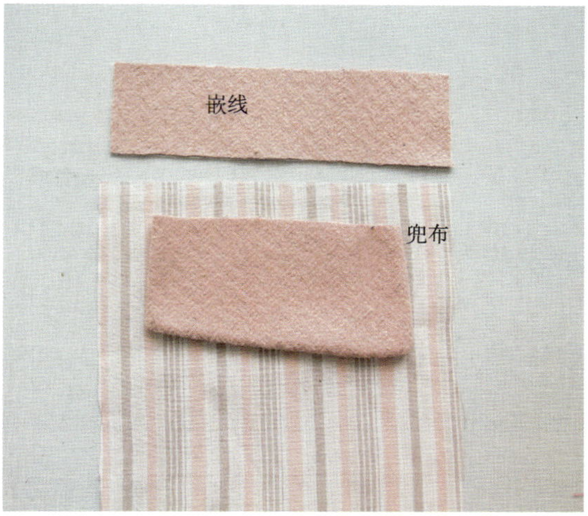

图10-2-2
做袋盖

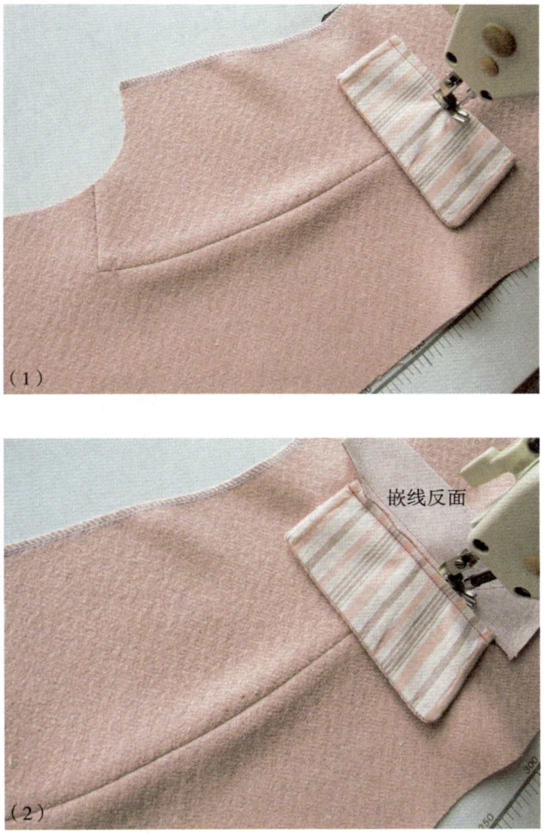

图10-2-3
缉袋盖、嵌线

图10-2-4
开口

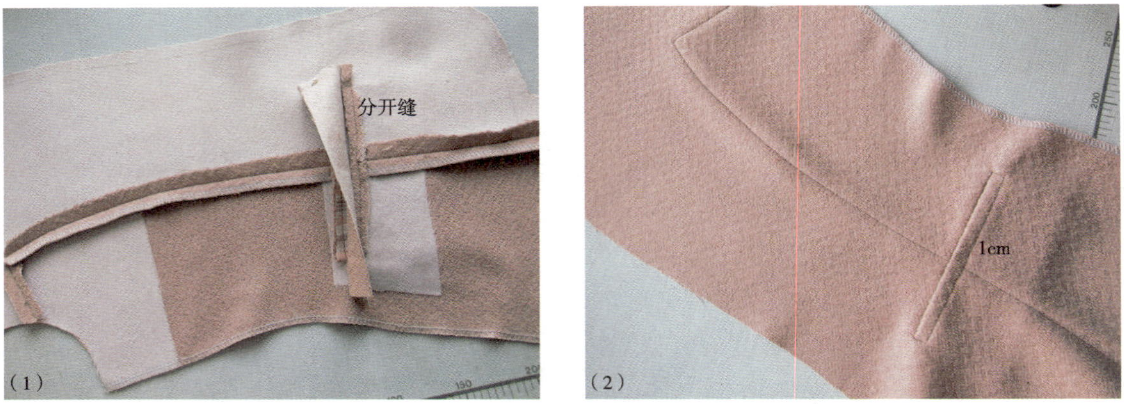

图10-2-5
烫嵌线

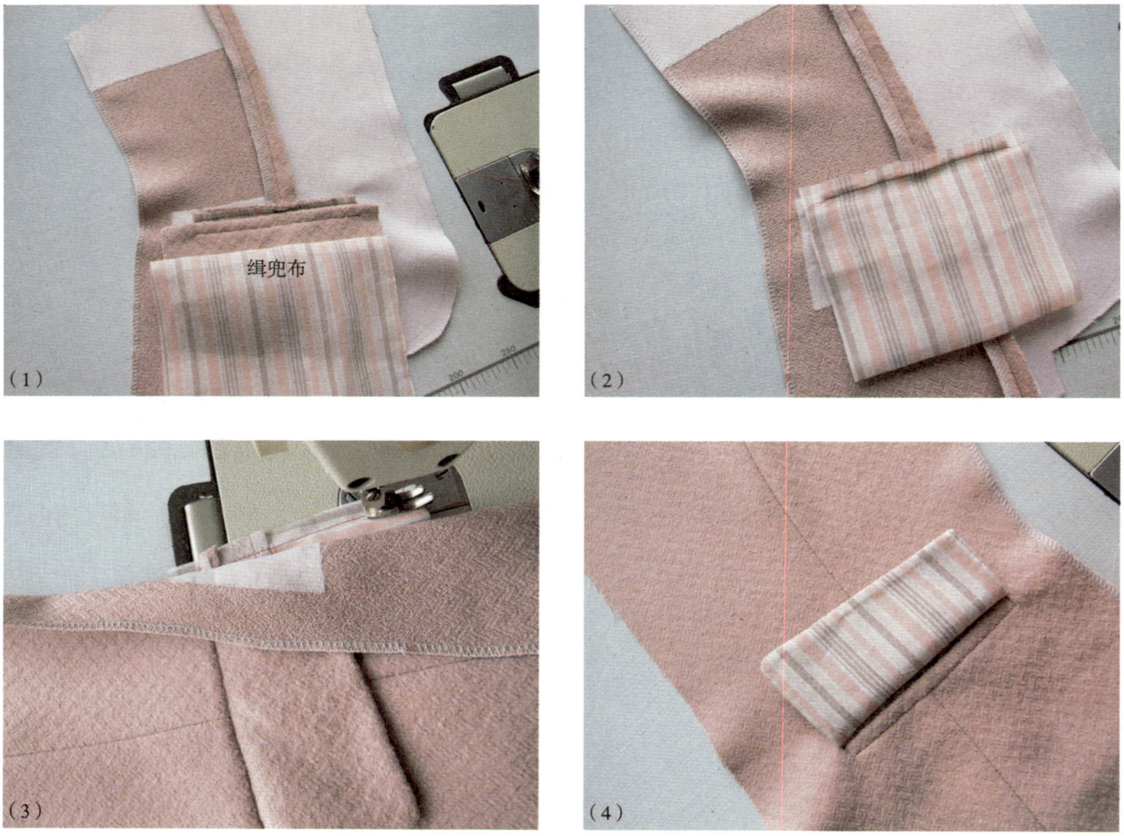

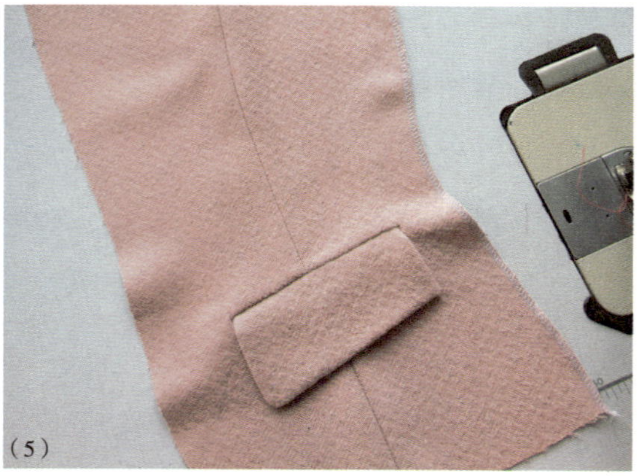

图10-2-6
缝合兜布

5. 缝合面、里后缝

►第一步：缝合面、里后缝。将后片正面相对缝合后中缝、后侧缝，注意线迹要均匀顺直，两端打来回针之后归拔熨烫后片，将缝头分缝烫平，如图10-2-7（1）所示。

缝合衣里是注意后中缝折裥的做法，将缝头倒缝烫平，如图10-2-7（2）所示。

►第二步：修面、里。将后衣片面、里相对，校对袖窿、肩缝、领口、侧缝、底边处的缝头，根据后衣片，肩缝、袖窿、侧缝部位多出0.5cm，底边比后衣片短2cm，如图10-2-8所示。

6. 缝合止口、烫止口

►第一步：缝合止口。将挂面与前身正面相对，从驳领处开始缝合止口，注意领角处略吃挂面，下摆圆角处略吃衣身，如图10-2-9（1）（2）所示。

►第二步：修剪止口。修剪止口的缝头，留0.3～0.4cm，以减少止口的厚度，防止在衣片的正面出现烫痕，如图10-2-10所示。

►第三步：翻烫止口。将衣身和挂面向外翻出，熨烫平整，注意驳头部位挂面一侧向外吐出约0.1cm，止口部位衣身吐出约0.1cm，不能倒吐，要熨烫平整，下摆4cm折边向反面扣烫平服，如图10-2-11所示。

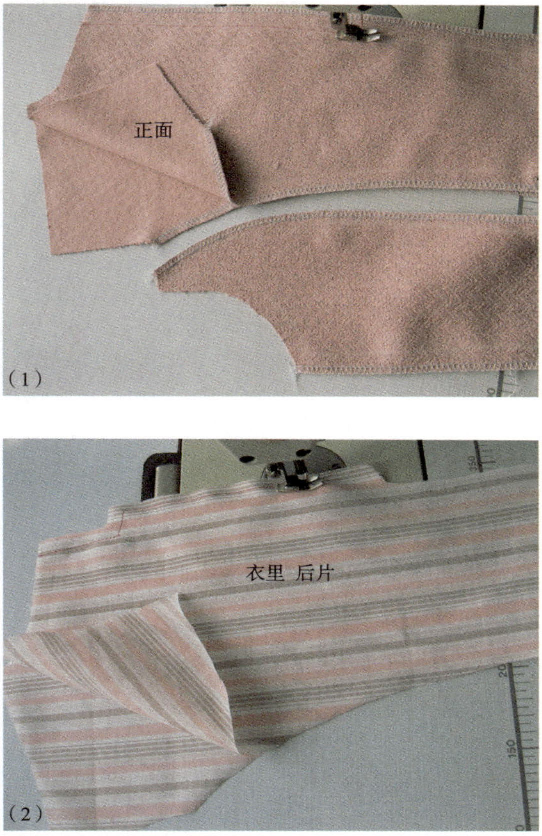

图10-2-7　缝合面、里后缝

图10-2-8　修面、里

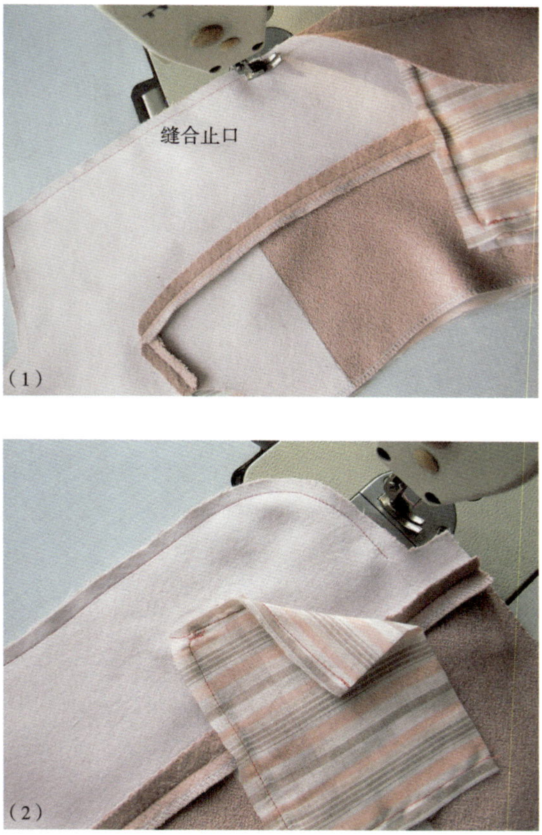

图10-2-9　缝合止口

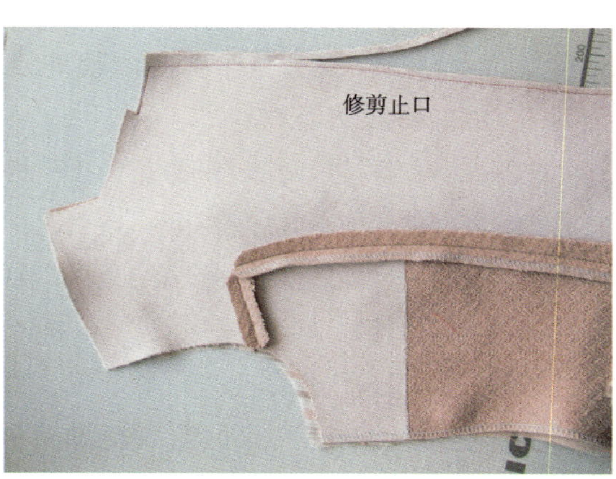

图10-2-10　修剪止口

图10-2-11
翻烫止口

第三节　做、装衣领

一、工艺流程

缝合肩缝→做领→装领

二、操作步骤

1. 缝合肩缝

将前、后肩正面相对缝合肩缝，后肩斜略吃进（吃量根据面料质地而定），之后分缝烫平，如图10-3-1（1）（2）所示。

2. 做领

►第一步：划样。将有纺衬平整的粘在领面、领里的反面，根据领净样板，在领里的反面划样，如图10-3-2所示。

►第二步：拼接后领缝。将领里的正面相对，按照划好的领样缉线拼接领里，条格面料要做到左右对称，之后将缝头分开缝烫平，如图10-3-3所示。

►第三步：缝合领面、领里。将领里、领面正面相对做领，把领里放在上层，领面放在下层。在领角处领面要有松量，使之产生自然的窝势，防止领角外翘。要注意起、止针的位置，串口线处所留的缝头不缉，如图10-3-4所示。

►第四步：烫领。先修剪止口的缝头，留0.3～0.4cm，以减少止口的厚度，防止在衣片的正面出现烫痕，如图10-3-5（1）所示。之后将缝头分开缝烫平，如图10-3-5（2）所示，最后将衣领向外翻出，熨烫平整，注意领面部位一侧向领里吐出约0.1cm，不能倒吐，如图10-3-5（3）所示。

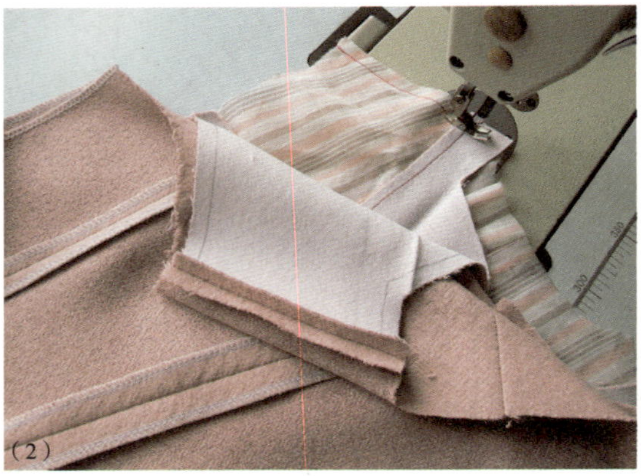

图10-3-1　缝合肩缝

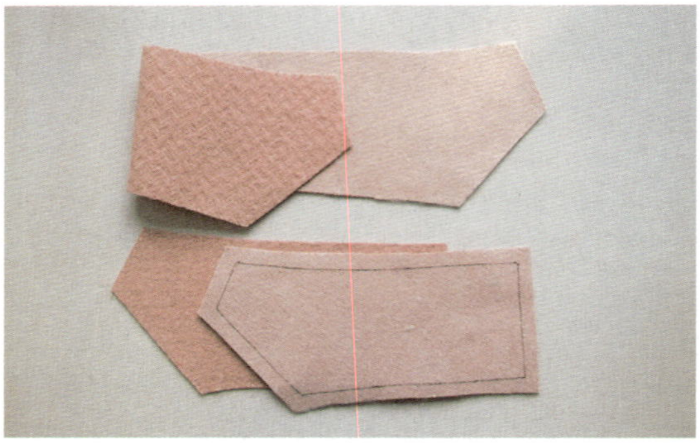

图10-3-2　划样

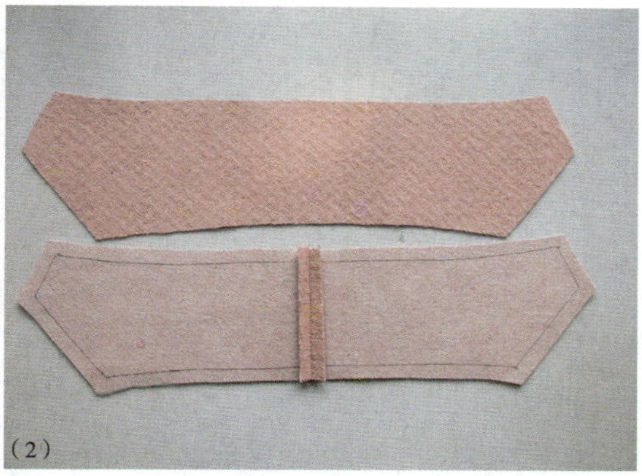

图10-3-3 拼接后领缝

图10-3-4 缝合领面、领里

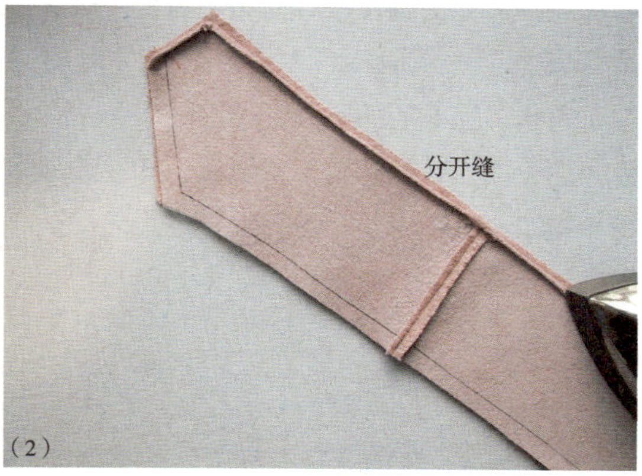

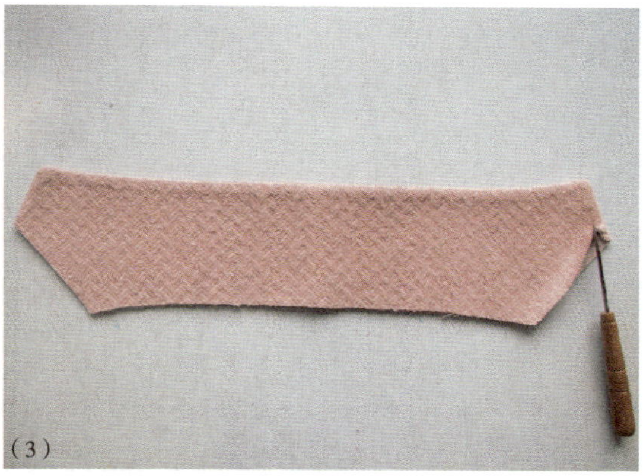

图10-3-5 烫领

3. 装领

►第一步：绱领。装领前对准对位点，将挂面驳口处的串口划好，按照净样板划准，之后将领面与挂面的正面相对，领里与衣身相对绱领，可先用手针固定领口，之后平缝，缝头为0.8cm，在串口线转折处打剪口，注意不要剪断缉线，不要有起褶现象，如图10-3-6所示。

图10-3-6 绱领

►第二步：烫领。先将衣片放在铁凳上，烫绱领缝头，串口线要烫直，不可有弯曲的现象。两层领口线分别分缝熨烫，大身里子处倒缝、烫平，必要处打剪口，如图10-3-7（1）所示。之后将衣片翻到正面烫驳领、驳头、止口，熨烫时要用湿布盖着烫，要平服、挺括、无亮光、无水印，如图10-3-7（2）所示。

►第三步：固定领口缝头。用手针或机器将两层领窝处的缝份缝合固定，擦线的松紧要适宜，领里、领面不可有链形，如图10-3-8（1）所示。完成后的衣领，领型舒展，左右一致，领位端正，领豁口不重叠、高低一致。整烫平挺，领面服贴、无折痕、无脱胶、无起泡，领角不反翘，如图10-3-8（2）所示。

图10-3-7　烫领

图10-3-8　固定领口缝头

第四节　做、装袖子

一、工艺流程

缝合面、里侧缝→做袖→装袖→缝合袖口→缝合底边→锁眼、钉扣→整烫

二、操作步骤

1. 缝合面、里侧缝

缝制时，把两层衣片正面叠合，沿着所留

缝头进行缝合，要注意手法，上层略向前推送，下层略拉紧，要保持上下层松紧一致，上下缝头宽窄一致，腰节部位要对位，平缝后，用熨斗将缝头分开烫平，腰节部位要拔开，如图10–4–1（1）所示。之后将底边按照所留的宽度折烫到反面，折边的宽度要均匀，各拼接缝处要烫顺，如图10–4–1（2）所示。

2. 做袖

袖片里子多采用美丽绸、富春纺等光滑的面料，剪裁里子时要注意袖开衩部位的裁法，袖口处里比面短2cm，不加开衩量。

►第一步：缉袖外缝。先根据放缝缉袖外缝，缝头为1cm，然后按照袖口折边的放缝、袖开衩的宽度缉袖口部位，如图10–4–2所示。

►第二步：烫袖外缝。将大小袖片分开摆平，在小袖片袖开衩拐角处打一剪口，把外袖缝缝头分开缝烫平。袖开衩倒向大袖，之后根据所留的宽度将袖口折边倒向袖身方向烫平，如图10–4–3（1）（2）所示。

►第三步：缉袖内缝。将大小袖片的正面相对缉合袖子内缝，缝头宽1cm，在袖肘线处略拔开，如图10–4–4所示。

►第四步：缉合袖里。将袖里大、小片的正面相对，缉合袖里外缝、内缝，缝头为1cm，内缝中段留出15cm不缝合，向小袖片倒缝、烫平，留0.3cm掩皮。

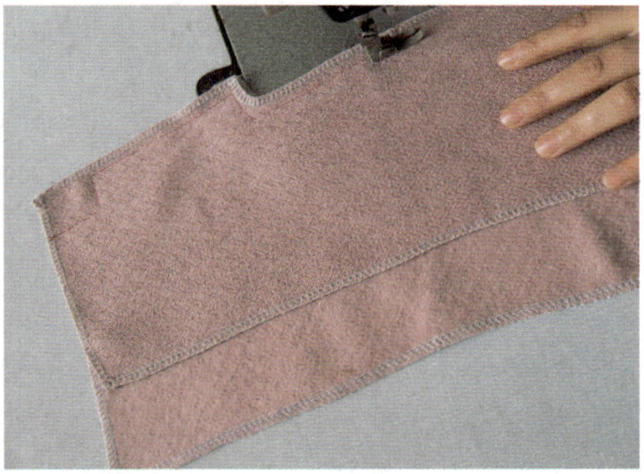

图10–4–2 缉袖外缝

图10–4–1 缝合面、里侧缝

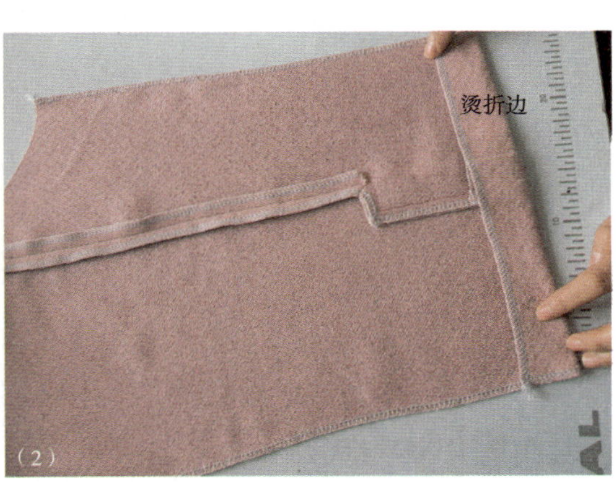

图10–4–3 烫袖外缝

▶第五步：缩缝袖山。裁两条45°正斜的里料，长30～35cm，宽2cm左右，沿袖山净线外侧0.3cm处车缝，开始时略拉紧斜条，袖山最高点处不要拉紧斜条，过袖山中点后再拉紧，然后逐渐减少拉力至平缝，袖山缩缝量约2cm左右，视面料薄厚、松紧调整缩缝量。最后把缩缝后的袖山头放在铁凳上熨烫均匀，使袖山圆顺饱满，如图10-4-5所示。

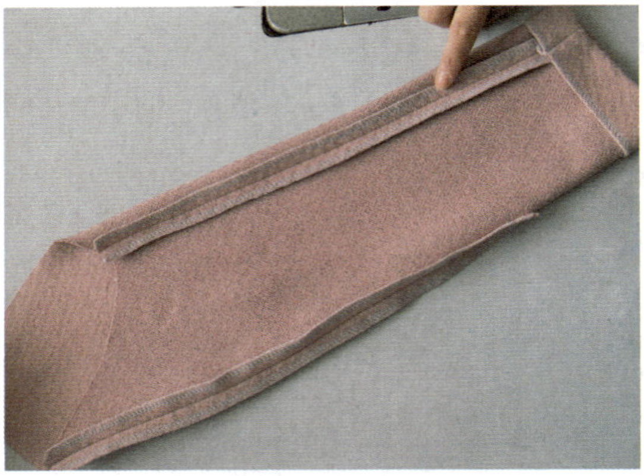

图10-4-4　缉袖内缝

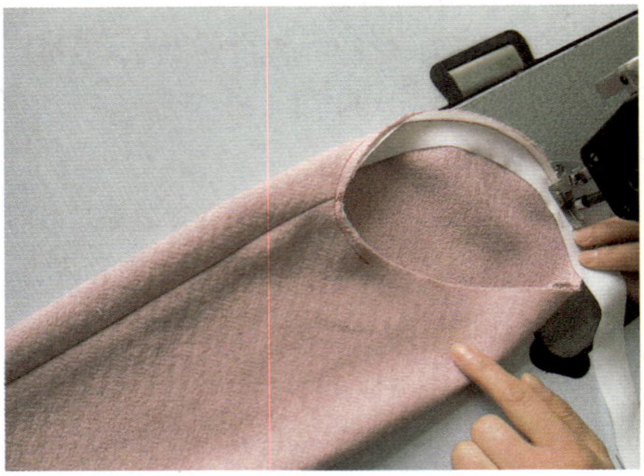

图10-4-5　缩缝袖山

3. 装袖

▶第一步：检查、修正。装袖前，必须将衣服穿在衣架上，检查前后是否平挺，肩部、袖窿是否顺直，如不符合要求，一定要进行修正。

▶第二步：擦袖。先装左袖，将袖山和袖窿的对位点对好，正面相对，先用手针绷缝纳袖。根据袖山的吃势，用棉线在袖窿周围定擦，确认绱袖位置后，将衣服放在衣架上，前后约为口袋的1/2，丝道平整，吃势圆顺，如图10-4-6所示。

图10-4-6　擦袖

▶第三步：缉袖窿。确定好袖子的位置后按照0.8～1cm的缝头缝合，注意机器的吃赶。缉线时，对位点不可移动变形，缝线不可有凹凸不直的现象，如图10-4-7所示。

图10-4-7　缉袖窿

若装垫肩，将垫肩外口探出袖窿毛边0.2cm，用倒勾针将垫肩与袖窿缝份绷牢固，绷线不宜过紧，然后将肩缝与垫肩圆口扦几针固定。

4. 缝合袖口

缉合袖口之前将袖山头部位面、里的缝头用手针固定，擦线稍松，如图10-4-8（1）所示。然后将袖子的正面与袖里的正面相对，面与里的内、外缝对准缉合袖口，缝头宽0.8cm，如图10-4-8（2）所示。之后利用三角针固定袖口折边与袖片，要注意袖子的正面不可露出针迹，如图10-4-8（3）所示。最后将袖口烫平，袖里比面短1cm，并有1～1.5cm的坐势，以防止里子过紧影响袖子的外观效果，如图10-4-8（4）所示。

5. 缝合底边

▶第一步：缝合底边。将衣片的正面与衣里的正面相对缉合底边，缝头宽0.8cm，之后利用三角针固定折边，要注意衣片的正面不可露出针迹，如图10-4-9（1）（2）所示。

▶第二步：烫底边。将衣身从袖底缝翻到正面，底边烫平，衣里比面短1cm，并有1～1.5cm的坐势，以防止里子过紧影响衣身的外观效果，如图10-4-10（1）所示。圆角挂面与衣里连接处用环针针法处理，如图10-4-10（2）所示。

6. 锁眼、钉扣

按样板上的位置进行锁眼、钉扣，要求位置准确，锁钉牢固。

图10-4-8
缝合袖口

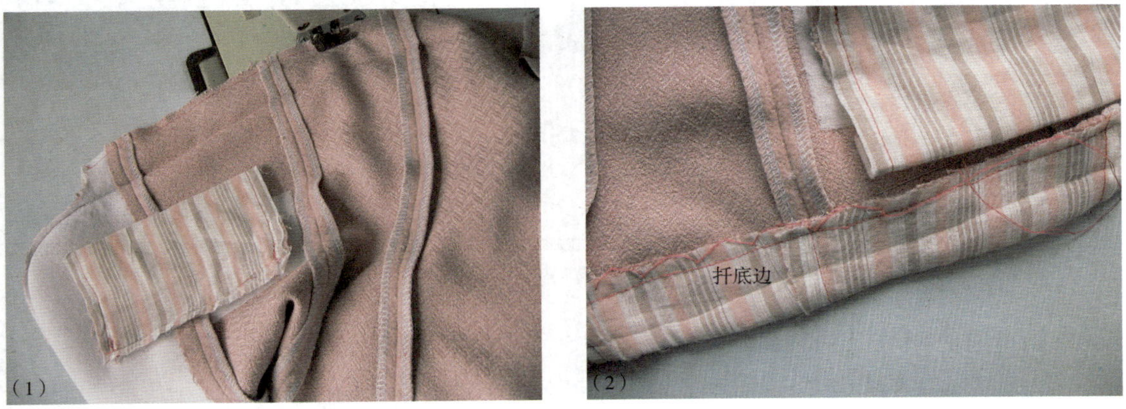

图10-4-9
缝合底边

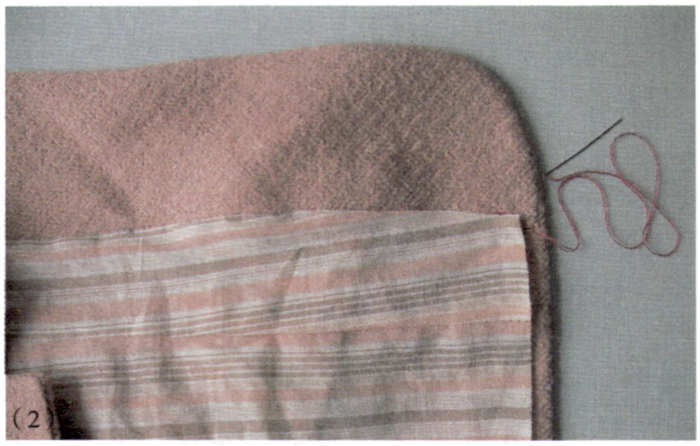

图10-4-10
烫底边

7. 整烫

各条缝线、折边处要熨烫平整、压死，驳口翻折线第一扣位向上三分之一处不能烫死。从正面熨烫时要垫上烫布，以免损伤布料或烫出极光。整烫后，要将服装挂在衣架上充分晾干后再进行包装。

小窍门

如何才能将尖角领角翻尖?

翻领角时，离领角拐角0.3cm将缝头修剪掉，以减少领角的厚度。之后将缝头倒向领面烫平服，把镊子放在领面与领里之间，领角处顶足，镊子夹住领角将领子翻到正面，如图10-4-11（1）（2）（3）所示。

三、女西服质量要求

（1）符合尺寸规格。

（2）外形美观大方，腰吸自然。

（3）前身门襟丝道顺直，肩头无链形。

（4）前后分割线流畅，整齐。

（5）领驳角窝势自然，左右对称。

（6）袖子左右对称，袖山饱满、圆顺。

（7）整烫无焦、无黄、无极光、无水花印。

图10-4-11　如何将尖角领角翻尖

思考与练习

1. 缝合刀背缝时应注意些什么?
2. 开袋时怎样使袋角方正?
3. 怎样安装平驳头西服领?
4. 安装两片袖时应注意些什么?
5. 女西服质量要求是什么?
6. 制作平驳头女西服一款。

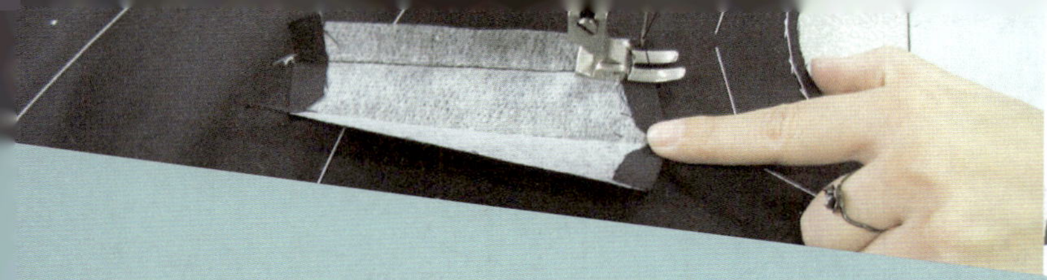

第十一章
精做男西服制作工艺

第一节　放缝、排料

一、外形概述

三开身、平驳头、三粒扣、圆下摆、胸部一手巾袋、大袋双嵌线、前身肋下省通到底边、两片袖、袖口开衩、钉装饰扣四粒，如图11-1-1所示。

图11-1-1　男西服外形

二、放缝

1. 面板

放缝如图11-1-2（1）（2）所示。

（1）前片：止口、肩缝、袖窿、侧缝处放1cm，底边放4cm。

（2）后片：后中缝放2cm，肩缝、袖窿、侧缝处放1cm，底边放4cm。

（3）腋下片：袖窿、侧缝处放1cm，底边放4cm。

（4）大、小袖片：袖山弧线、里外袖缝处放1cm，袖口放4cm。

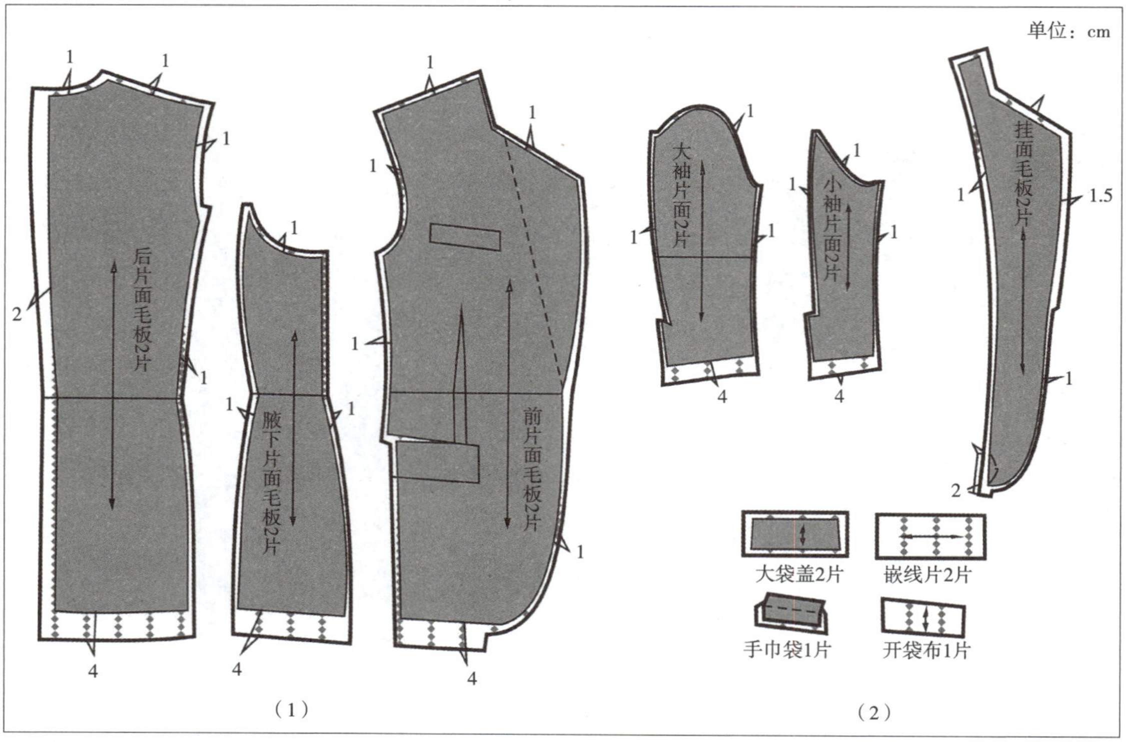

图11-1-2
面板放缝

2. 里板

里料是西服的衬里，它能增加西服的厚度，使西服挺括牢固，西服里料除了能增加服装的保暖性能，并使穿脱时光滑方便外，还能起到掩饰和保护衬料的作用，使西服内外部显得整洁美观。

现在的里料普遍采用100%的涤纶，高档的使用100%的涤纶经纱和100%的铜氨纤维纬纱，最高档的使用100%涤纶经纱和真丝纬纱织造的织物。

放缝如图11-1-3（1）（2）所示。

（1）前片：挂面拼接处放2cm，肩缝、袖窿处比面板宽出1cm，侧缝处比面板宽出0.5cm，底边比面板短2cm。

（2）后片：后中缝比面板宽出0.5cm，胸围线上段比面板宽出2cm（折裥），肩缝、袖窿比面板宽出1cm，侧缝处比面板宽出0.5cm，底边比面板短2cm。

（3）腋下片：袖窿、侧缝处比面板宽出0.5cm，底边比面板短2cm。

（4）大、小袖片：袖山头比面板宽出1.5cm、里外袖缝处宽出0.5cm，袖口比面板短2cm。

三、辅料

（1）衬。用衬部位如图11-1-4（1）（2）所示。

（2）胸绒。胸绒又称胸垫。胸衬其为非织造布，经喂棉、梳理、成网、针刺、卷绕、蒸呢等程序而制成，具有重

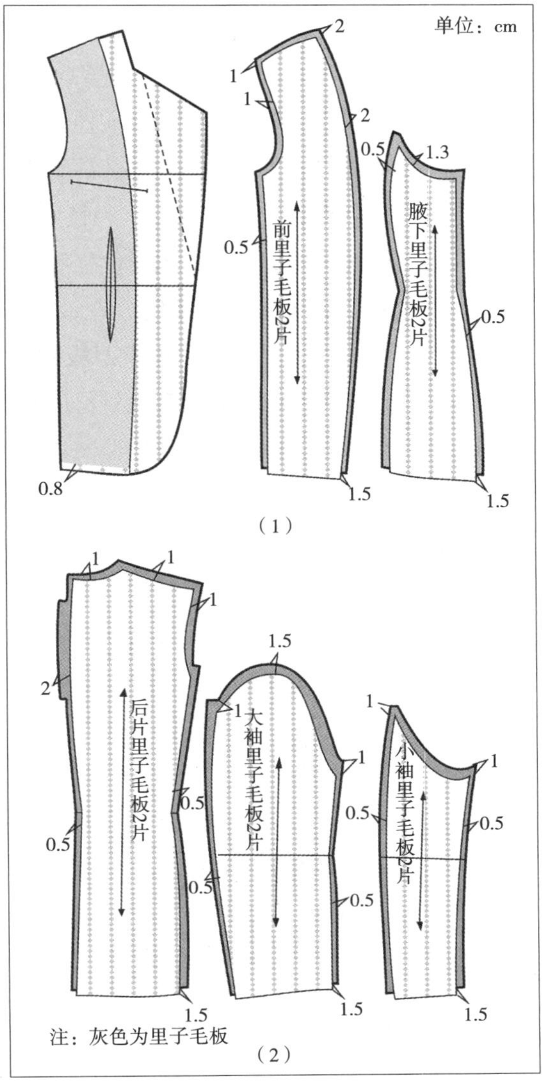

图11-1-3
里板放缝

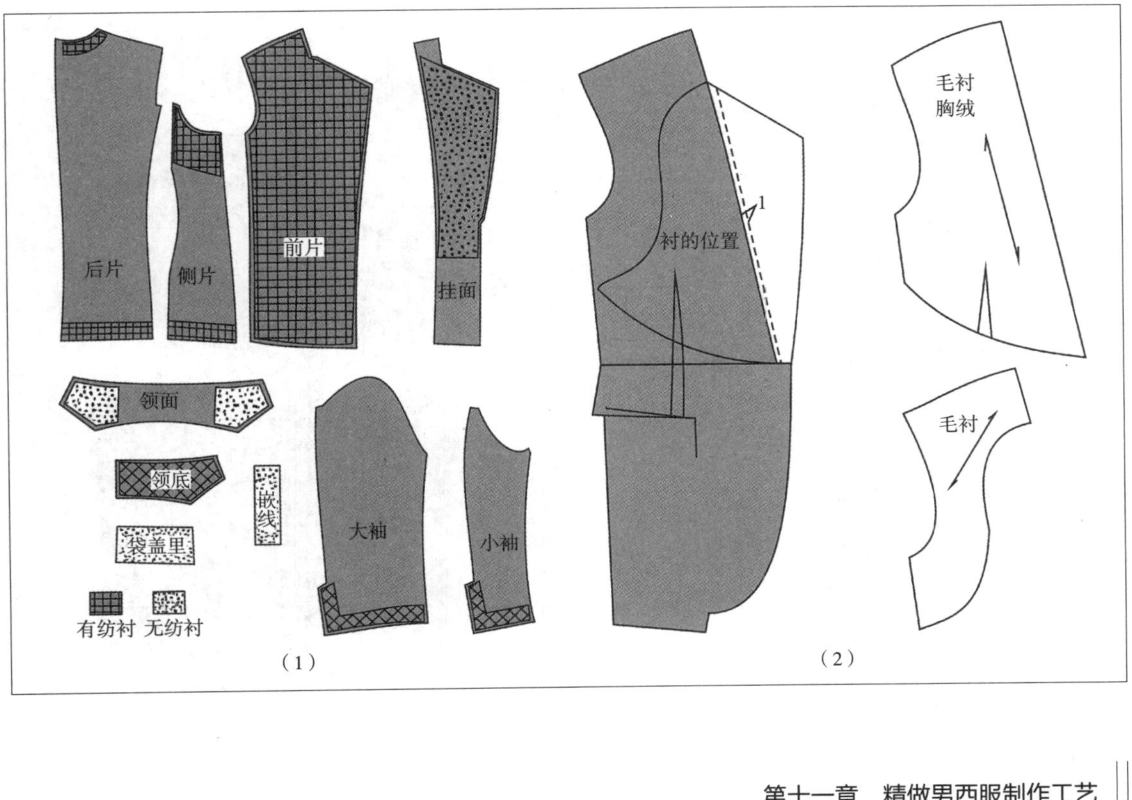

图11-1-4
男西服用衬部位

量轻、不散脱、保形性良好、回弹性良好、洗涤后不缩、保暖性好、透气性好、耐磨性好、手感好、使用方便、方向性要求低、经济实用等优点，主要用于西服的前胸部，使服装具有悬垂性好、立体性强、弹性好、挺括、丰满、保暖、造型美观、保形性好等优点，经常与毛衬、粘合衬配合使用。

（3）领底呢。用于西服领里的专门材料，代替服装面料以及其他材料用做领里，可使衣领平展、面里服帖、造型美观、弹性好、使用整理定型、洗涤后缩率小且不走形。

（4）肩棉。肩棉又称肩垫或垫肩，通常用棉花、合成纤维及平纹布组合而成，肩棉中使用的棉花以埃及棉为佳，肩棉应根据西服肩型的要求而改变自身的厚度和造型。肩棉应有弹性，不能以加工整烫而变薄，也不能以长期服用而变型。

（5）兜布。兜布采用美丽绸、薄棉布等面料，如图11-1-5所示。

（6）大袋。长26cm左右，宽20cm左右。

（7）手巾袋。长18cm左右，宽袋口大+3cm左右。

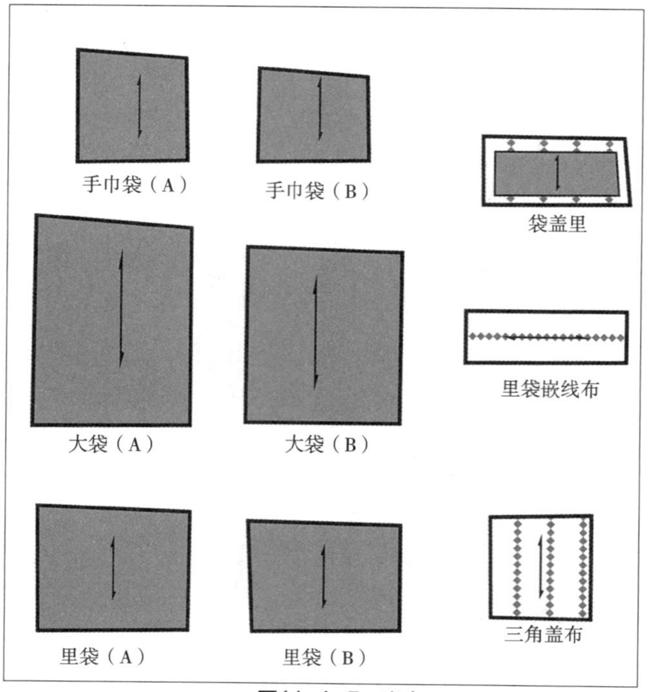

图11-1-5　兜布

四、算料、排料

如图11-1-6所示，门幅：140cm。规格：胸围105～110cm。用料：衣长＋袖长＋10cm。

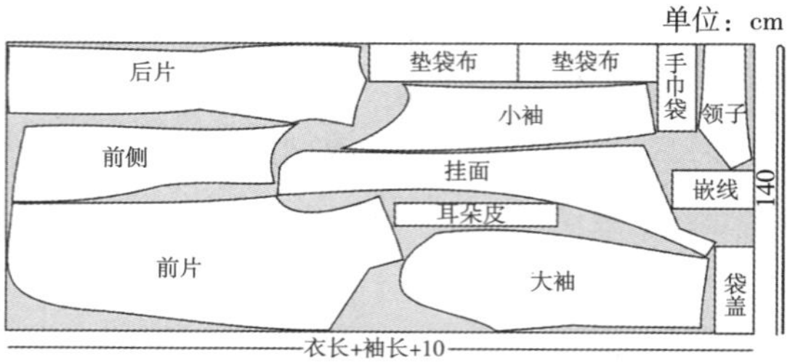

图11-1-6　算料、排料

第二节　收省、归拔

一、工艺流程

做标记→粘衬→收省、烫省→缝合前摆缝→归拔前、后衣片

二、操作步骤

1. 做标记（打线钉）

前衣片做标记的部位：驳口线、袋位、扣位、省位、绱袖点、腰节、底边线，如图11-2-1所示。后衣片做标记的部位：后中线、腰节、底边线、装袖对刀线。

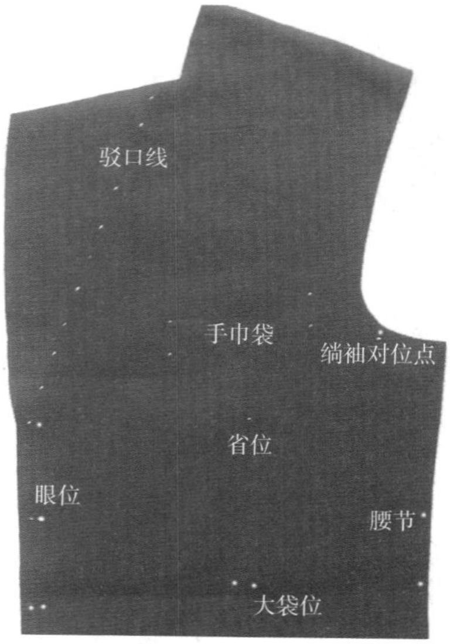

图11-2-1　前衣片做标记部位

袖子的线钉部位：袖山中线、装袖对刀线、偏袖线、袖贴边、袖衩线等。

2. 粘衬

大身衬采用薄型有纺衬，利用粘合机粘衬，或利用电烫斗直接粘合，要注意时间、温度、压力及衬的热缩。

3. 收省

►第一步：缉省之前先将肚省（大袋位置）剪开，剪口离袋口大1cm。胸省一般以单片剪为好，因前胸省丝道要求直丝，若两片叠剪上下层直丝不容易准，尤其是条格面料，如图11–2–2所示。

►第二步：缉省。缉合之前可用线先固定，以防止移动或松紧。按照省中线将前衣片的正面相对，缉合省道，由于省尖位置十分重要，不能有偏斜或弯曲，为了保证缉省的质量，可用薄纸压住缉省，省尖要尖，不可缉成胖尖或平尖形，如图11–2–3所示。

►第三步：烫省。将缉合后的省剪开，剪开的部位离省缉线0.3cm处停止，省道剪开的部分利用分开缝烫平，省缝的省尖部位无法利用分开缝进行熨烫，又不可倒向一侧，省道又要保持顺、直、尖，采用的方法是在省尖处插入一根手缝针进行压烫，使省道保持不偏斜。另一种方法是在省尖处垫布，卧倒分烫，如图11–2–4所示。

图11–2–2　缉省前将肚省剪开

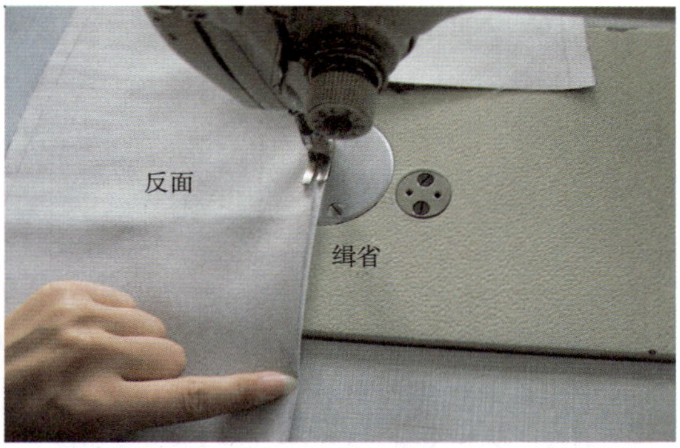

图11–2–3　缉省

第四步：环缝。利用双环针手法处理大袋处的肚省（大袋位置），以防止布边毛出，针脚要整齐、均匀，如图11–2–5所示。

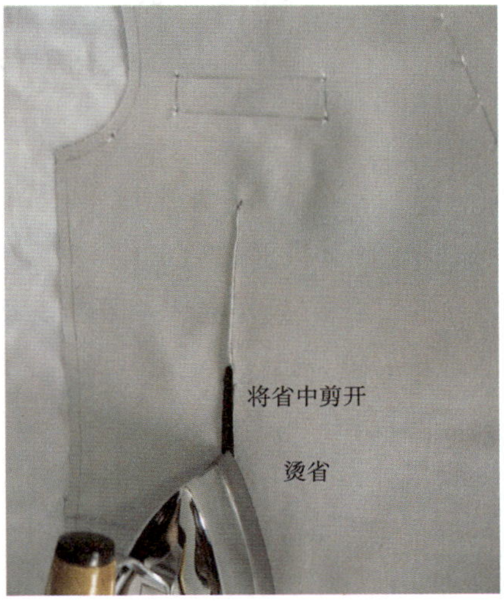

图11–2–4　烫省

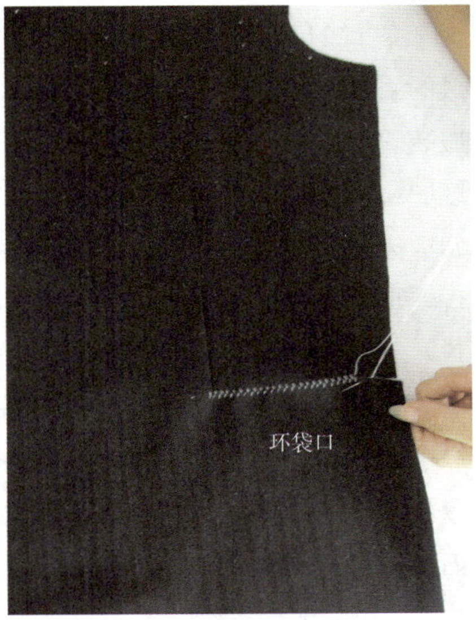

图11–2–5　环缝

4. 缝合前摆缝

将前片和腋下片正面相对，车缝前摆缝，并分缝烫平。缝合时腰节部位要对准，之后将缝头分开缝烫平，如图11-2-6所示。

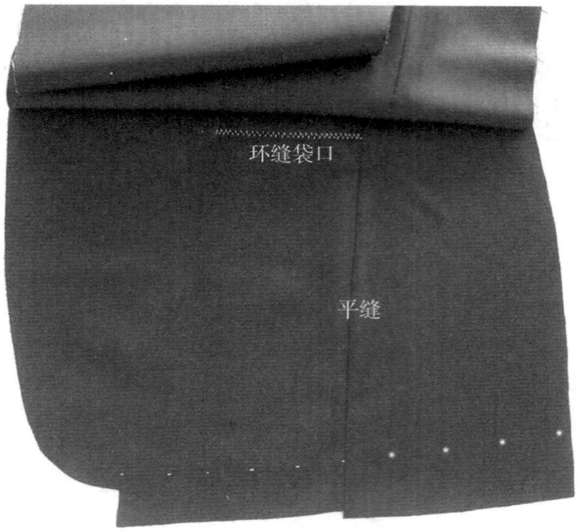

图11-2-6 缝合前摆缝

5. 归、拔前、后衣片

推、归、拔是对织物热塑变形的熨烫工艺。归，就是归拢，把衣片某一部位按预定要求缩短。拔，就是拔开，把衣片某一部位按预定要求伸长。推，就是推移，把衣片某一部位的胖势向预定方向推移。推、归、拔三者相辅相成，操作时往往是同时进行的，可谓归中有拔，拔中有归。推又是辅助归、拔实现变形的目的。通过推、归、拔工艺，能使制成的服装造型更加符合人体，主要用于毛呢类服装。但是推、归、拔的变形也是有限的，过度归拔会损伤织物纤维的强度，所以进行推、归、拔工艺也要适度。由于推是辅助归、拔实现变形的，所以推、归、拔又常简称为“归、拔”工艺。

归烫：归烫前喷上水花，一手握住熨斗，一手把衣片归拢的部位推进，用力将熨斗由里逐步向外做弧形运动，归量渐增，从而形成表面呈纵向的凸形，经归烫后将衣片某部位的织物缩短，如前胸袖窿、臀部的侧缝等。

拔烫：拔烫前喷上水花，一手握住熨斗，一手拉住衣片拔开的部位，用力将熨斗由外逐步向里做弧形运动，拔量渐减，从而形成表面呈纵向的凹形。经归烫后可将衣片某部位的织物伸展拉长，如衣片的腰节部位。

推烫：推烫前喷上水花，将衣片归烫后的胖势推向中间所需部位，是归的继续。如西服前片中将各方向归烫出现的松势都推向前胸中间位置，形成凸起的胸。

图11-2-7，图11-2-8为西服前衣片、后衣片推、归、拔示意图。

（1）推烫门里襟止口。先将前身的门襟靠身体，喷上水，由胸省向门襟止口推弹0.6～0.7cm，并将胸省省尖烫圆顺，门襟止口丝缕要归直，烫顺烫平，随后在驳口线中段归拢，如图11-2-7（1）所示。

（2）归烫中腰。把衣片调头，摆缝靠身，把大袋中间的丝缕归直，熨斗在中腰处，把胸省中腰后倒的回势归拢，归到肋省与腋下省的1/2处，如图11-2-7（2）所示。

（3）归烫摆缝与袖窿。腰上段摆缝处横丝缕抹平烫，下段臀部的胖势略归，推直、中段腰节处回势作归烫。再把腰部放平，胸部直丝缕朝前摆，喷水将胸部烫挺。这样袖窿边就可产生回势，随后将回势归拢，归时斜丝、横丝要均匀。如图11-2-7（3）所示。

（4）推烫肩头及下摆。将肩头靠身体，喷水把领圈横丝缕烫平，直丝缕向外肩抹大0.8cm。直丝后倾的目的是防止里肩丝缕弯曲起链状。再在外肩袖窿上端7cm处直丝延伸，这样肩头就会产生翘势，然后将肩头翘势推向外肩冲骨处，保持肩头翘势0.8cm。再把衣片调头，烫下摆，下摆靠身体，喷水向上推烫，防止底边还口。

西服后衣片推、归、拔，如图11-2-8所示。

归、拔后衣片时先缝合中缝，缝头为2cm，不可有起掉的现象。

人体背部两端有明显的肩胛骨隆起，背中

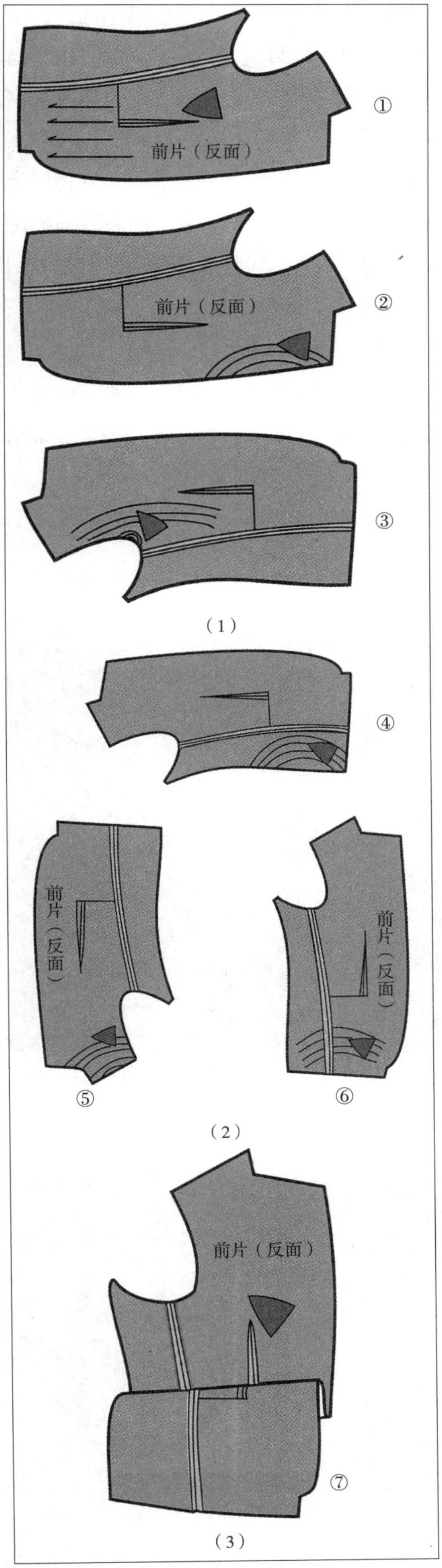

图11-2-7　西服前衣片推、归、拔示意图

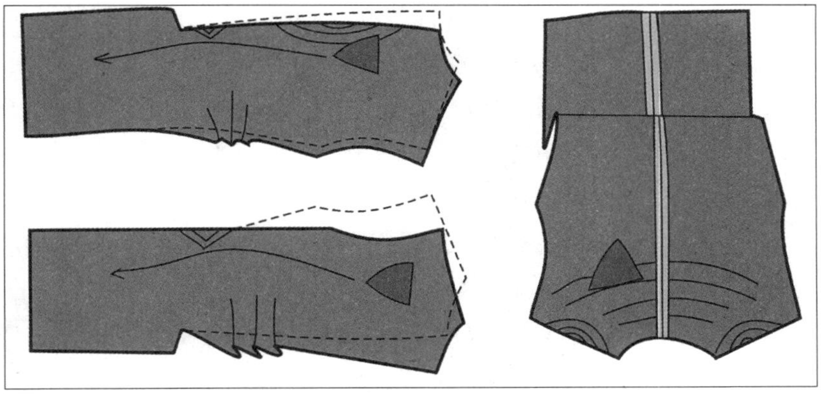
图11-2-8　西服后衣片推、归、拔示意图

呈凹形，两肩呈斜形。虽然在裁剪时考虑了背缝困势和肩缝斜度，但还不够。因为衣片是平面的，要使之符合人体，必须运用推、归、拔等工艺来弥补衣片的不足之处，才能达到吻合人体背部曲线要求。

先将肩缝靠身体，喷水，靠里肩部位多归，外肩少归。归烫再将后领处略归，后背归拔后基本上能符合人体后背的外形。

（1）背缝归直，背部肩胛骨处隆起。

（2）中腰里归外宽，腰吸自然，背衩顺直，无搅豁现象。

（3）上摆缝略归，臀部推直，袖窿归势左右对称。

（4）肩头横丝推落，外肩伸直，里肩归拢。

第三节　大身衬、烫衬

一、工艺流程

检查衬料→缉省→缉盖肩衬→烫衬→敷衬→拉嵌条

二、操作步骤

1. 检查衬料

（1）大身衬：离驳口线、止口1cm，肩缝、袖窿部位的形状同衣片，长35cm左右，下口为弧线形。

（2）盖肩衬：肩缝、袖窿部位的形状同衣片，6～8cm宽。如图11-3-1所示。

2. 缉省

►第一步：剪省道。肩省：离驳口线6cm左右将肩省直接剪开，省长7cm左右。胸省：大身衬的省尖与衣片的省尖都要剪开，因为两者重叠会太厚。另外，胖势集中在一点，基点不散不圆，容易产生瘪胸，所以大身衬的省道与衣片的省道应避开，省尖应指向胸部，省大2cm，省长8cm左右，将省道剪掉。如图11-3-2所示。

►第二步：缉省道。胸省：先将省缝对齐，下垫一层粘合衬，为了增加其牢固性，采用"之"形缉线，缉线超过省尖3cm左右，与衣片形成自然的过渡，避免省尖部位出现酒窝的现象，如图11-3-3（1）（2）（3）所示。

肩省：省道的下层垫一片麻衬，麻衬的形状同省道。止口方向丝道不变，将省缝向袖窿方向拔开1.5～2cm，利用搭缝方法缝合，如图11-3-4（1）（2）所示。

3. 缉盖肩衬

缉衬时每行距离1cm，肩头部位要注意肩头翘势，胸部要注意胸部的胖势，如图11-3-5所示。

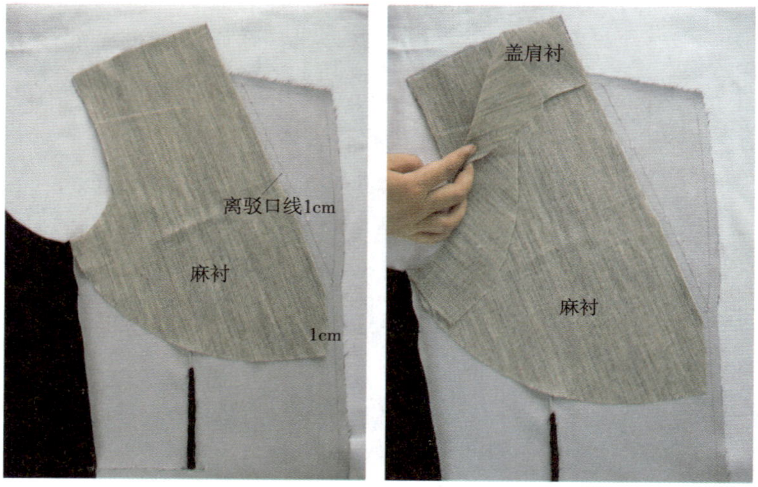

图11-3-1 衬料

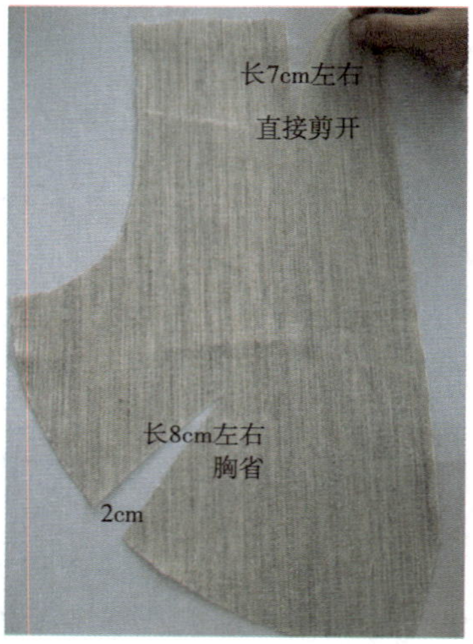

图11-3-2 剪省道

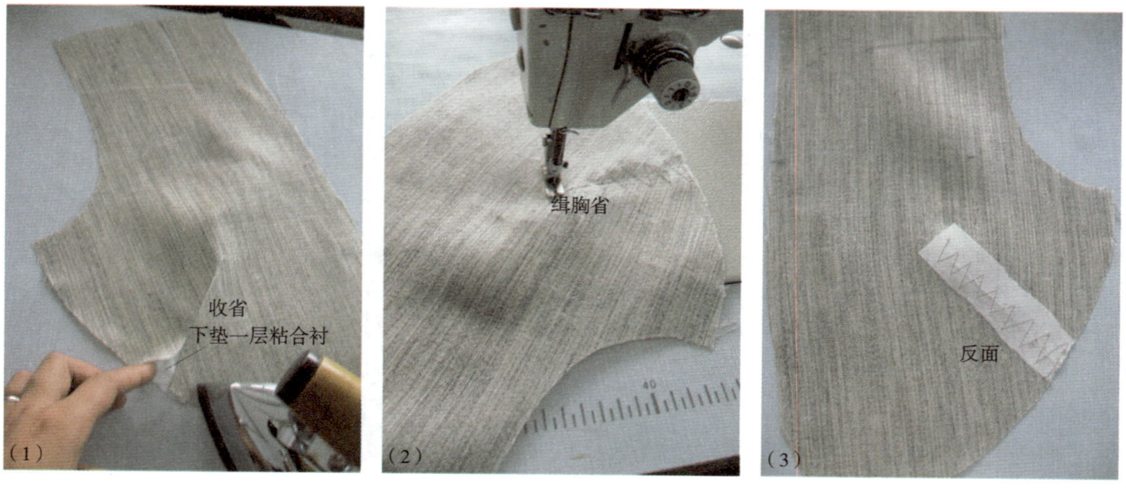

图11-3-3
缉胸省省道

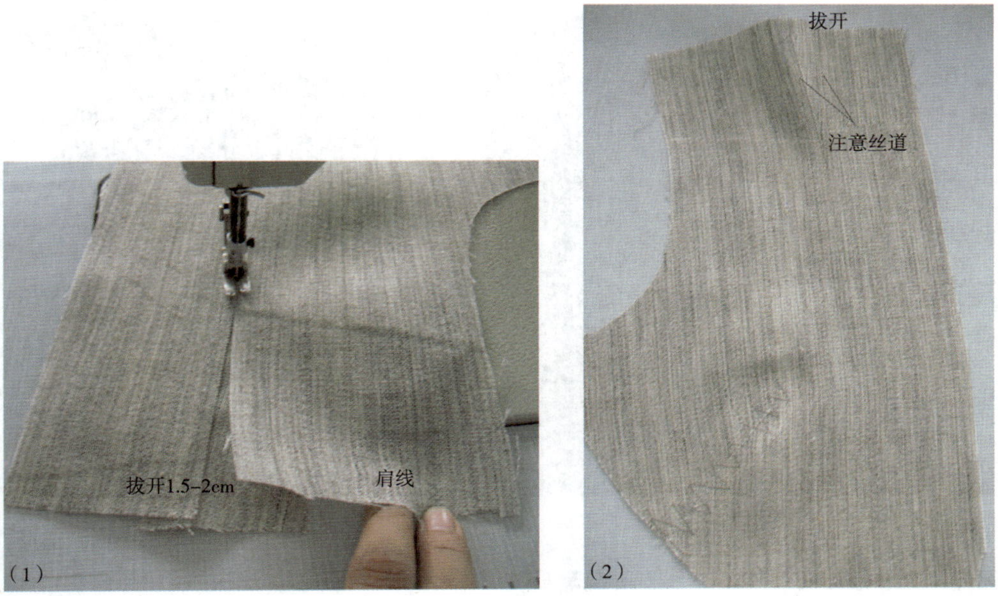

图11-3-4
缉肩省省道

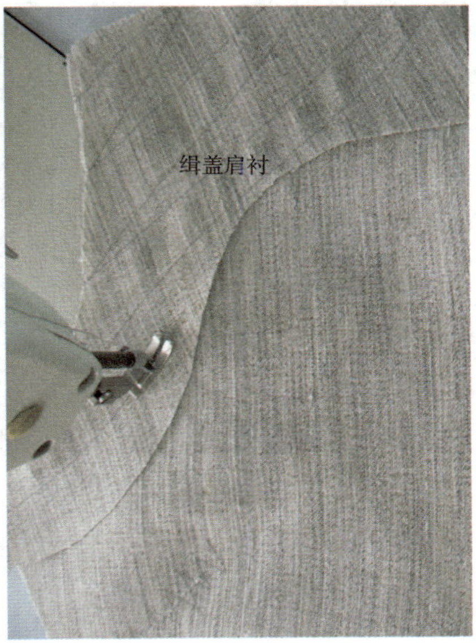

图11-3-5
缉盖肩衬

4. 烫衬

衬头缉好后，先把两衬复合，看衬头是否走样，如未走样，将衬头用水喷湿，喷匀，用力磨压使其平薄紧实并定型，具体操作可归纳为“四方”、“四圆”。（“四方”是针对熨烫横直丝道，“四圆”是针对熨烫斜丝道。）

第一“方”指的是把腰节以上的胖势向胸部方向推，然后，把腰节以上烫实。

第二“方”指的是把肩头以下胖势向胸部方向推，领圈归拢，肩头上端拎直，保持翘势1cm。

第三“方”指的是将袖窿处用“烫凳”垫起，保持胸部胖势，在驳头中间归烫。

第四“方”指的是将驳头处用“布馒头”垫起，袖窿边和帮胸衬作归烫。

第一“圆”指的是把从里肩到驳头中段处烫匀，边烫边用手拎起衬头，不能平推。

第二“圆”指的是把驳头中段到中腰处烫匀，边烫边用手拎起衬头，不能平推。

第三“圆”指的是把袖窿边到外肩处烫匀，边烫边用手拎起衬头，不能平推。

第四“圆”指的是把腰节以上从胸部到袖窿边沿帮胸衬上面烫匀，如胖势不足，帮胸衬处略归，边烫边用手拎起衬头，不能平推。

5. 敷衬

敷衬就是把已做好的胸衬和前衣片两层合拢，松紧适宜的摞在一起，敷衬的好坏直接影响衣服的外形，因此敷衬是做西服的关键之一。

敷衬前要将归、拔后的前衣片和衬头冷却，因为熨烫后的衣片和衬头经冷却后还有回缩，回缩之后的衣片及衬头基本定型了，这时再敷衬，就不易变形了。具体作法如下。

第一条摞线：离肩线6～7cm起针，离省道5cm左右，长短按照胸衬的大小。第二条

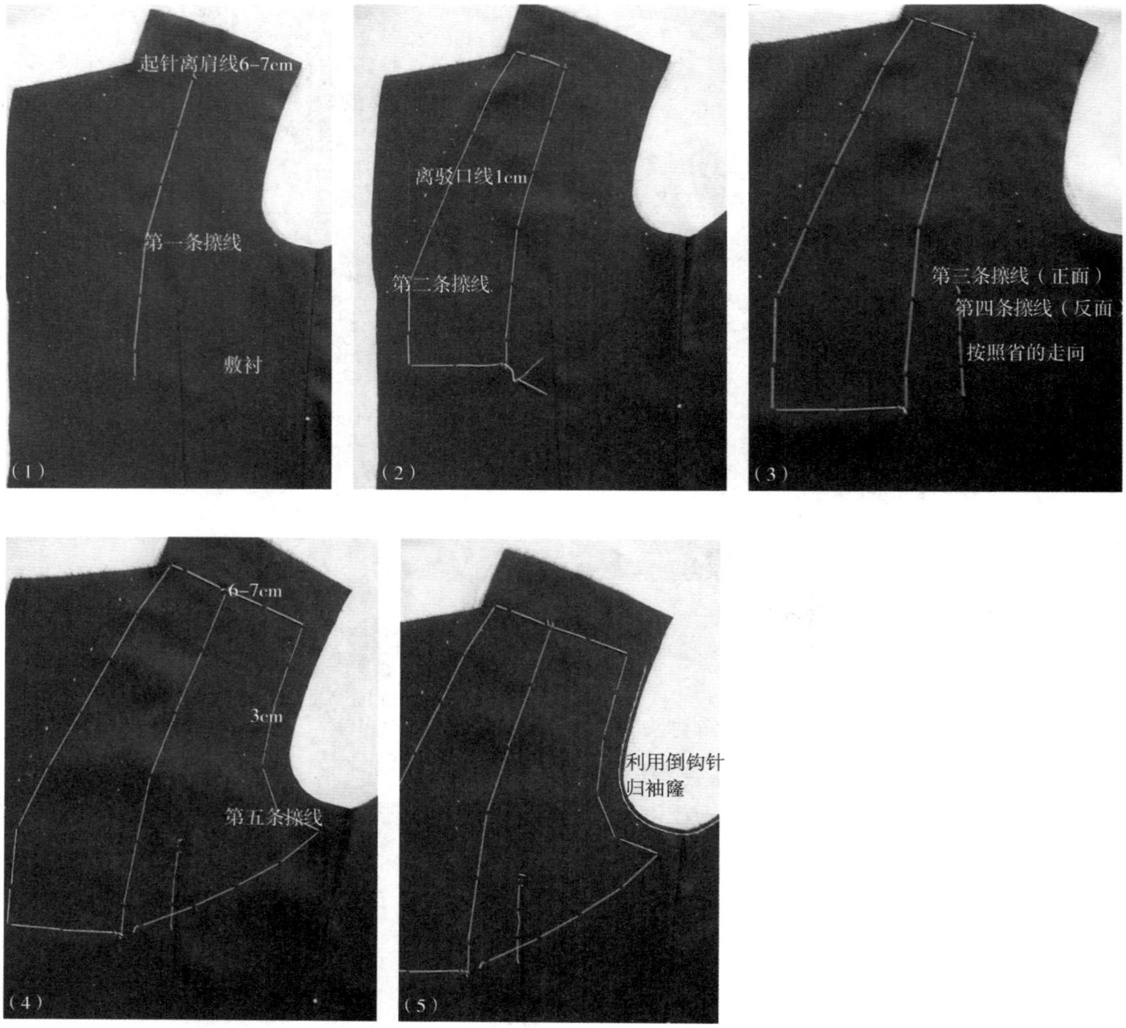

图11-3-6
敷衬

擦线：离驳口线、止口1cm。第三条擦线：在衣片的正面，按照省道的走向。第四条擦线：将省道的缝头与胸衬固定，按照省道的走向。第五条擦线：沿着袖窿的形状、胸衬的形状，离袖窿线3cm。第六条擦线：沿着袖窿的形状做倒钩针，归拢袖窿，离袖窿线0.5cm。如图11-3-6（1）（2）（3）（4）（5）所示。

6. 拉嵌条

拉嵌条是上衣缝制中的一个重要工序，也是止口窝服、服装成型不可缺少的部件工艺。拉嵌条操作工艺，如图11-3-7所示。嵌条的宽度为1cm左右，选用直丝道以防止衣服变形。

第一条：胸衬的下口处，沿着大身衬的下口弧线，注意不要把牵条粘在衣片上，如图11-3-7（1）所示。

第二条：驳口线处，嵌条一半粘在大身衬上，一半粘在大身衬上衣片上，如图11-3-7（2）所示。

第三条：止口处，在净线内侧，离净线0.1cm，注意驳角处、下摆圆角处嵌条稍紧些，其余部分平拉，如图11-3-7（3）所示。

拉嵌条时要注意各部位的吃势，不能过紧或过松，如图11-3-7（4）所示。

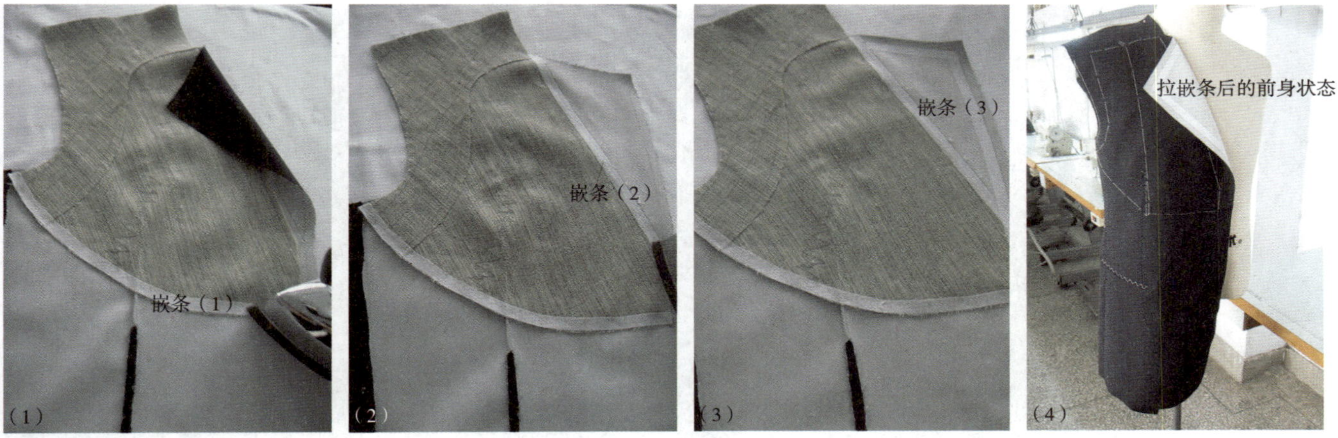

图11-3-7
拉嵌条

第四节　开大袋、手巾袋、里袋

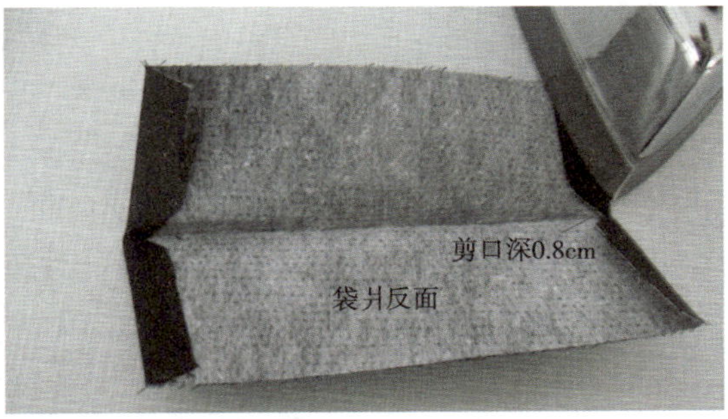

图11-4-1
烫袋爿

图11-4-2
缉袋爿

一、工艺流程

开手巾袋→开大袋→里袋

二、操作步骤

1. 开手巾袋

▶第一步：检查裁片。袋爿料：长为袋口大+2cm，宽为7cm左右。垫袋布：长为袋口大+2cm，宽为5cm左右。兜布：宽为袋口大+4cm，长为30cm左右。

▶第二步：烫袋爿。将袋爿料两端的缝头按照样板烫平、折净，袋爿对折后，面比里要多出0.1cm，如图11-4-1所示。

▶第三步：缉袋爿（第一条缉线）。在衣服的正面袋位处缉袋爿，要注意起针的位置，袋爿的斜势，起止针要打来回针，针脚要小些，如图11-4-2所示。

▶第四步：缉垫袋布（第二条缉线）。将兜布的反面朝上与衣片的正面相对，缉线离第一条缉线1cm，两条缉线要和袋爿的斜势一致，如图11-4-3所示。

▶第五步：开袋口。在两线中间将衣片剪开，两端剪成“Y”型。注意不要将缉线剪断，避免袋口毛出，也不能离缉线太远。

▶第六步：固定袋爿。先将垫袋布翻到衣片的反面向上掀起，袋爿里与兜布缝合，再利用灌缝和平缝的方法，固定袋爿的面、里，最后缉兜布一周，缝头为1cm。

▶第七步：封袋口。将小三角放在袋爿面、里中间，袋爿上下层要平服，在袋爿的两端缉明线0.1cm宽，明线不可出现双轨线，要整齐、顺直，袋角处不可毛出，如图11-4-4所示。

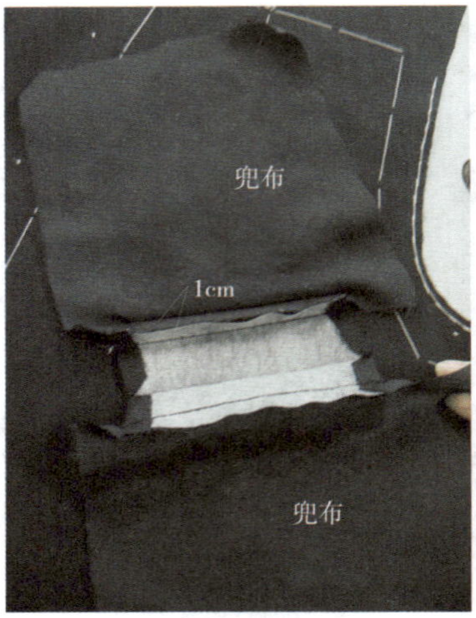

图11-4-3　缉垫袋布

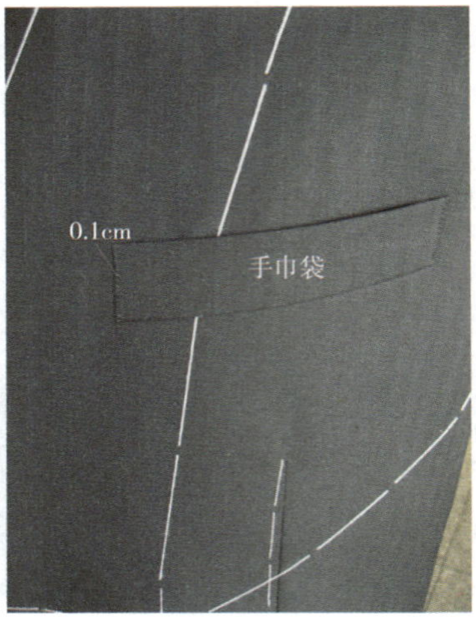

图11-4-4　封袋口

图11-4-5　确定袋位

2. 开大袋

►第一步：检查裁片。兜布：长为40~42cm，宽为袋口大+5cm。采用直丝道，用料为的确良、塔夫绸等较薄面料。袋盖布：袋盖面长为袋口大+2cm，宽为8cm，用料同衣片，采用直丝道。袋盖里的大小同面，采用里子布，为斜丝道。袋盖面、里的上口放缝1.5~2cm，其余三边放缝1cm。嵌条料：长为袋口大+3~4cm，宽为6cm，用料同衣片，采用直丝道。

►第二步：确定袋位。在衣片的正面划出袋位，袋位处反面粘衬以防止袋口毛出。在嵌条布的反面粘无纺衬，方便操作，如图11-4-5所示。

►第三步：烫嵌线。利用熨烫定型板将嵌线料折转烫平，每折宽2cm，如图11-4-6所示。

►第四步：缉袋盖。在袋盖里的反面根据样板划样，将袋盖面放在最下层，与袋盖里正面相对缉合，要注意在圆角处袋盖面要留有松量。为了使袋盖平服，不出现烫痕，要修剪袋盖的缝头，留缝头0.3~0.5cm。将缝头倒向袋盖面烫平，圆角处要烫顺，袋盖翻到正面时，要有0.1cm的坐势，如图11-4-7所示。

►第五步：缉嵌线。将烫好的嵌线缉在袋盖上，缉线离双折线0.5cm（第一条缉线）。此缝线决定着大袋的外观效果，宽窄要一致，如图11-4-8所示。

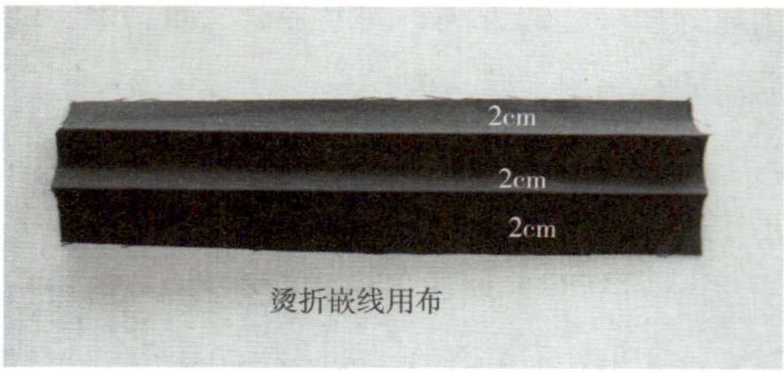

图11-4-6　烫嵌线

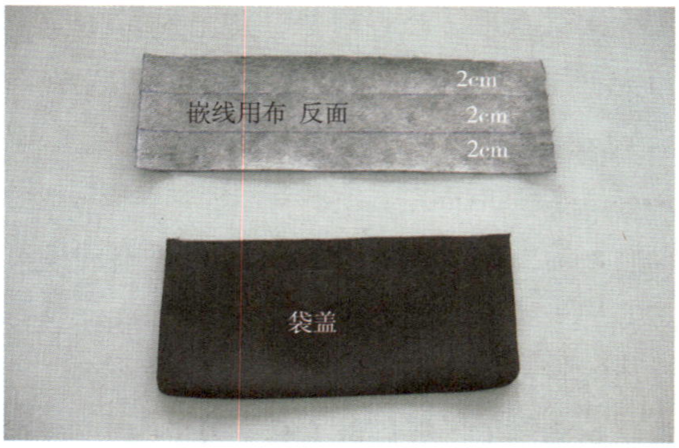

图11-4-7　缉袋盖

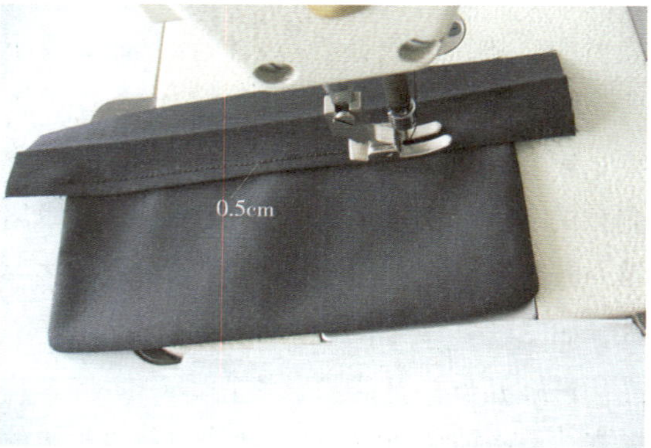

图11-4-8　缉嵌线

►第六步：缉嵌线、袋盖。在衣片的正面开袋处，将袋盖、嵌线的反面朝上，与衣片一起缉合（第二条缉线），缉线与第一条缉线是叠线，离袋口0.5cm，如图11-4-9（1）（2）所示。

缉嵌线下口（第三条缉线），第二条缉线与第三条缉线间距1cm，离熨烫双折线0.5cm，要注意起、止针打来回针，如图11-4-10所示。

►第七步：开袋。在两缉线的中间将衣片、嵌线剪开，距袋口大1cm处剪成Y形，不要剪断缉线也不要离缉线太远。注意嵌线布两端的剪法，只在中间剪开两端不剪成三角形，如图11-4-11所示。

►第八步：烫袋口。将嵌线布、袋盖翻到衣片反面烫平，在衣片的正面形成两条宽为0.5cm的嵌线，袋口利用三角针暂时固定，如图11-4-12（1）（2）（3）所示。

图11-4-10　缉嵌线、袋盖2

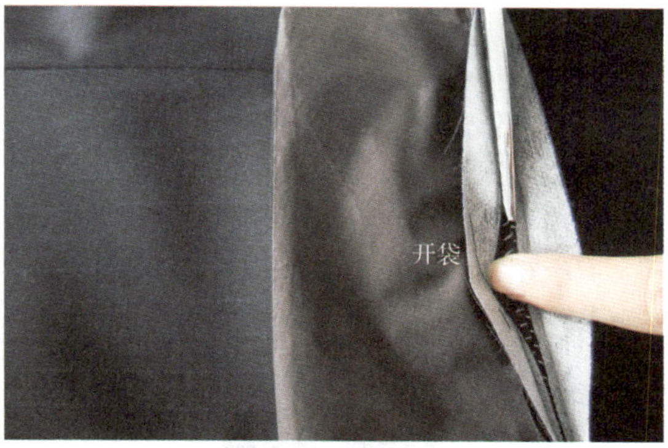

图11-4-11　开袋

图11-4-9　缉嵌线、袋盖1

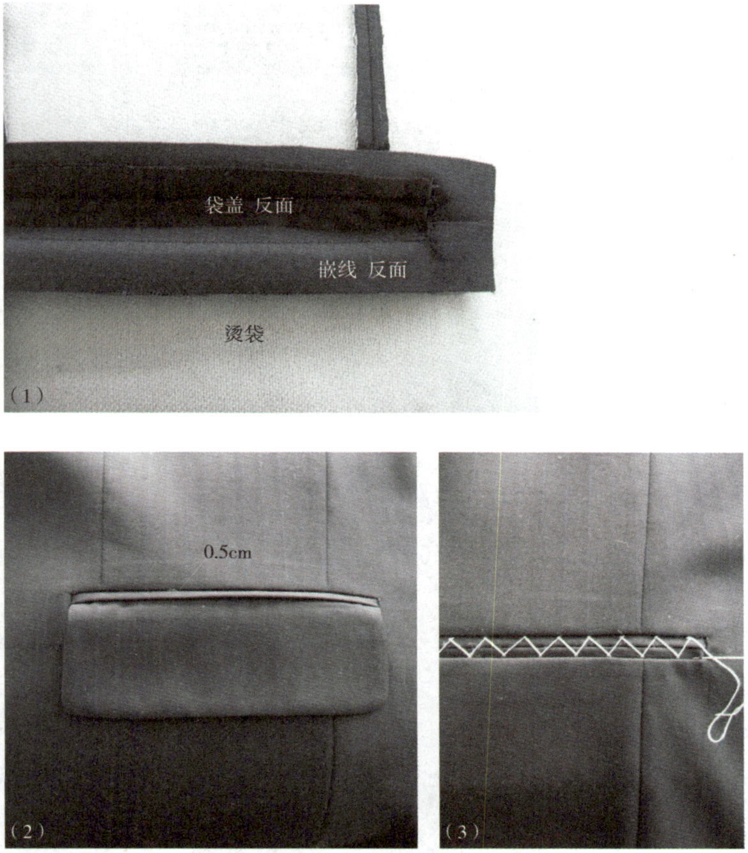

图11-4-12　烫袋口

▶第九步：缉兜布。首先将兜布与嵌线布缝合，缝头为1cm，其次将兜布对折缉兜布两边，注意兜布要平服。

▶第十步：封三角。将嵌线布摆平，三角摆正，袋口松紧适宜，缉线2～3道，注意袋角要方正。

3. 开里袋

开里袋之前先缝合挂面与衣里，缝头为0.8～1cm，熨烫时把缝头倒向衣身方向。如果衣里上有耳朵皮，要注意耳朵皮的斜势。

▶第一步：检查裁片。兜布：长30cm左右，宽为袋口大+4cm。采用里子布等较薄的面料，为直丝道。嵌线用布（嵌线料）：长为袋口大+1cm，宽6cm。用料的颜色、质地同衣服里子，采用斜丝道，反面刷少量浆糊使之挺括易操作。扣眼：长为4cm左右，宽2.5cm，采用直丝道，面料的颜色、质地同衣服里子。装饰三角：边长10cm的正方形，采用直丝道，面料的颜色、质地同嵌线用布。如图11-4-13所示。

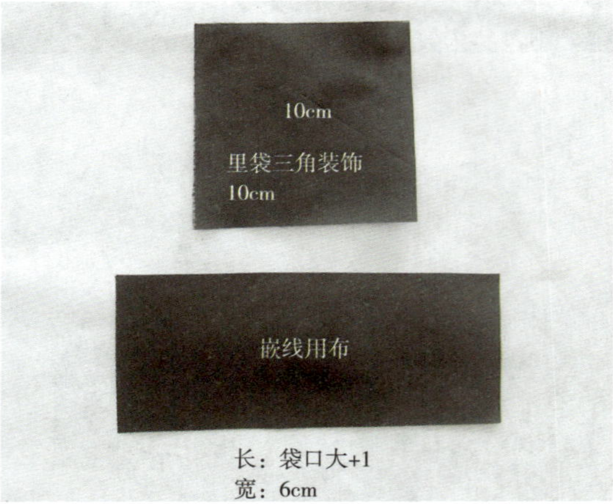

图11-4-13
裁片

▶第二步：装耳朵皮。耳朵皮：用面料拼接在开里袋处的里子上，再与挂面相拼，为开里袋之用。这块面料称耳朵皮。装耳朵皮之前先要归挂面，归挂面时驳头处口丝道向外推出，里口归拢使之与大身基本相符，再把直丝道烫弯。之后按照耳朵皮的位置，裁去耳朵皮的大小，要注意留缝头，如图11-4-14（1）（2）（3）所示。

▶第三步：拼接挂面。挂面与衣里的正面相对，缝头为0.8～1cm缉合，挂面与衣里的厚薄有差别，要注意上下的吃势，缉线要顺直，如图11-4-15所示。

▶第四步：确定袋位。里袋袋口大为12～13cm，由挂面与衣里的拼接处向外1cm处量起；在耳朵皮的反面粘一层麻衬，如图11-4-16（1）（2）所示。

▶第五步：烫嵌线用布。将嵌线用布两端的缝头（0.5cm）折转烫平，并在反面划出嵌线宽0.3～0.5cm，如图11-4-17所示。

▶第六步：作装饰袢。扣眼的做法同裤袢。装饰三角的烫法，如图11-4-18（1）（2）（3）所示。

▶第七步：缉嵌线。将嵌线料的正面与衣

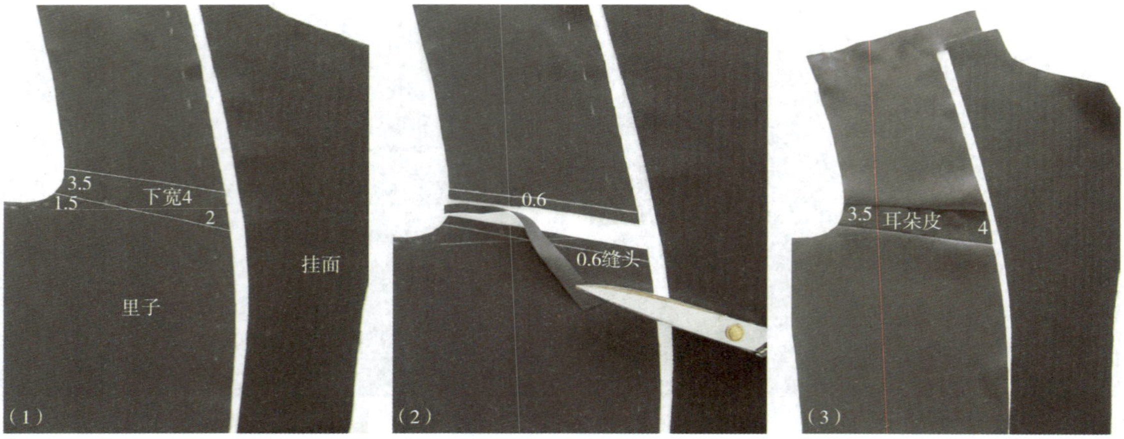

图11-4-14
装耳朵皮

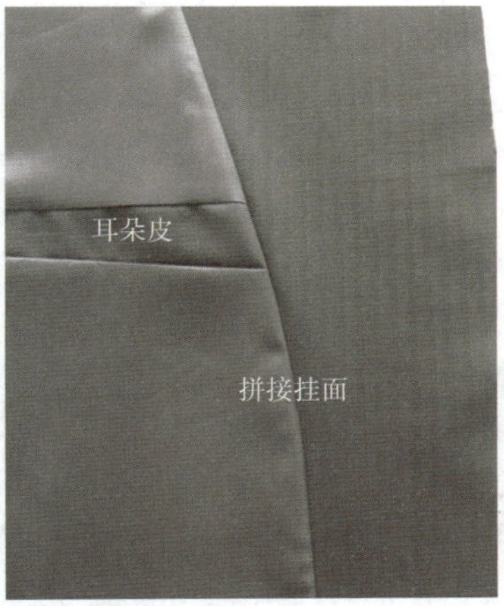

图11-4-15　拼接挂面

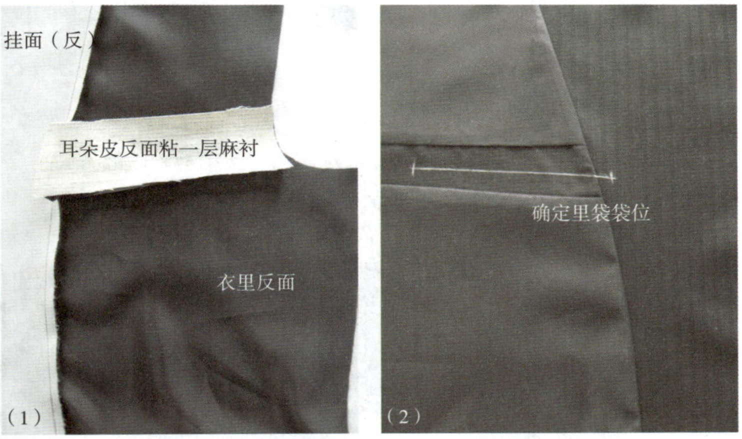

图11-4-16　确定袋位

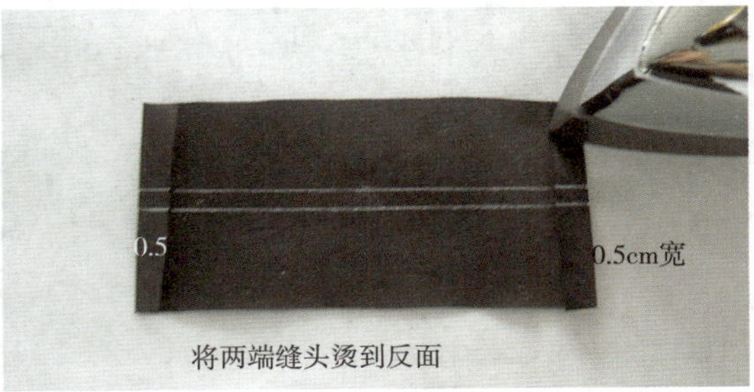

图11-4-17　烫嵌线用布

图11-4-18　做装饰袢

片的正面相对，根据划好的粉线缉线，两缉线宽0.3～0.5cm，注意袋口两端的做法，缉线要沿着嵌线料边缘，不要缉着嵌线料，如图11-4-19（1）（2）所示。

►第八步：开袋。在缉线的中间将衣片剪开，注意不要剪断袋口两端的缉线。之后将嵌线用布翻到衣片的反面烫平，烫出嵌线宽0.3～0.5cm（0.15×2，0.25×2）。

►第九步：缉袋口。在嵌线边缘缉0.1cm的明线，线迹要均匀，不可有漏针现

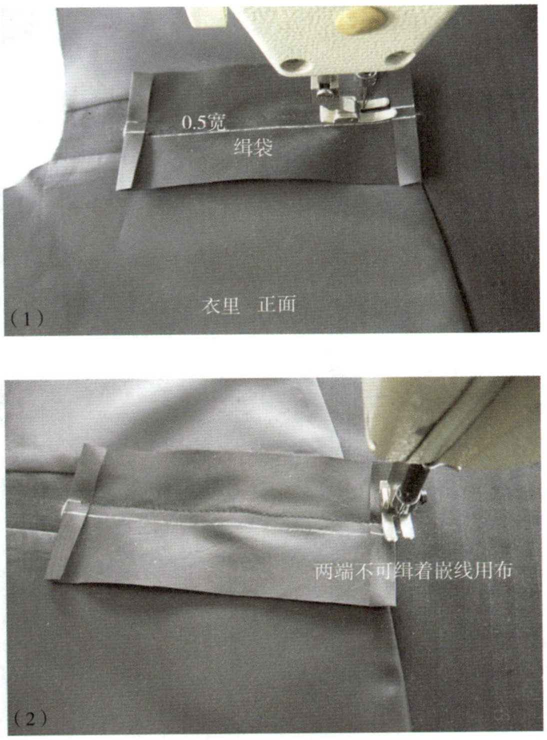

图11-4-19　缉嵌线

象，缉上口明线时放入装饰袢或扣袢，如图11-4-20所示。

▶第十步：缉兜布。先缉兜布下口，再将兜布对折缉兜布上口、两边，缝头均为1cm。该开袋用于衣服的里袋，兜布的毛边不用锁边处理。

▶第十一步：封袋口。离袋口两端0.5～0.8cm缉明线2～3道，缉线为叠线，不可出现双轨线，缉线长为0.3～0.5cm，如图11-4-21（1）（2）所示。

图11-4-20　缉袋口

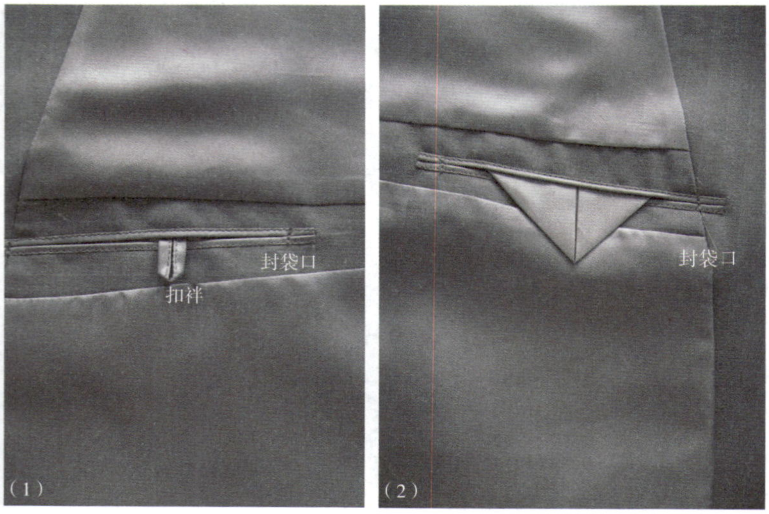

图11-4-21　封袋口

第五节　止口工艺

一、工艺流程

敷胸绒→擦挂面、缝合止口→劈止口→扳止口→烫止口→扎驳口→滴挂面

二、操作步骤

1. 敷胸绒

左、右片胸绒的大小、形状同胸衬。

▶第一步：左衣片因有手巾袋，要按照手巾袋的位置将胸绒剪开，将兜布放在胸绒的上面。

▶第二步：利用拱针将胸绒敷在胸衬上，拱针针距为3cm/针，注意在衣片的正面不要露出针脚。如图11-5-1（1）（2）（3）所示。

图11-5-1
敷胸绒

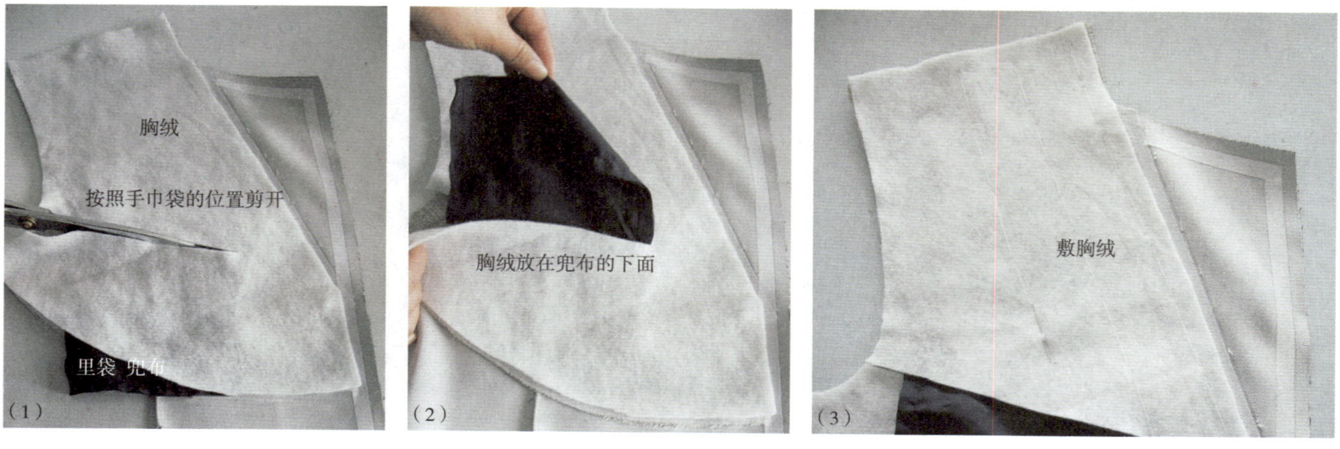

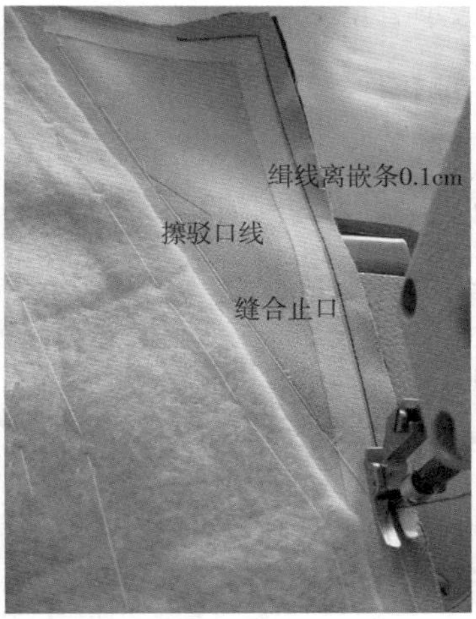

图11-5-2 缝合止口

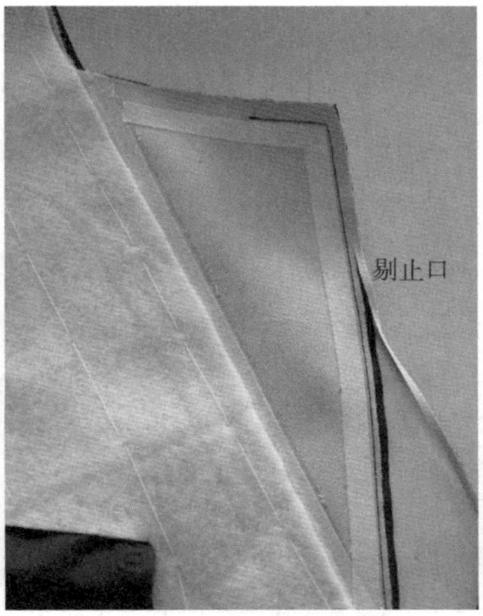

图11-5-3 剔止口

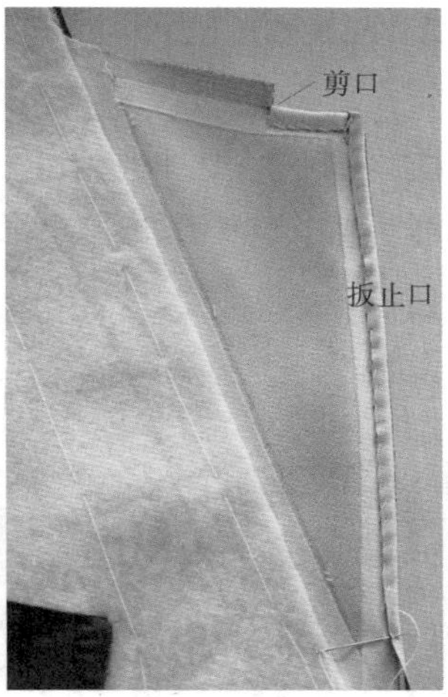

图11-5-4 扳止口

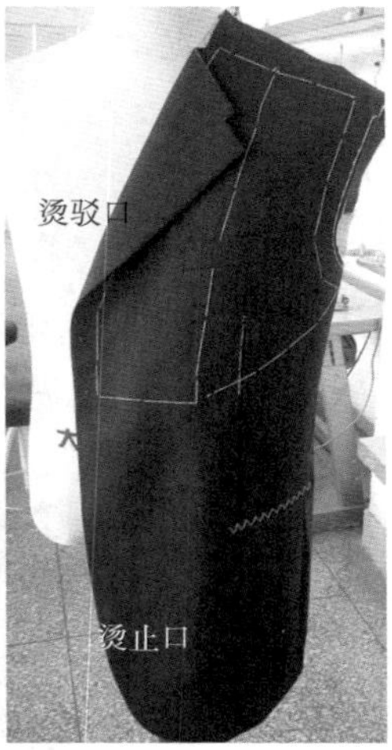

图11-5-5 烫止口

2. 擦挂面、缝合止口

止口是上衣的关键工序，止口工艺的粗细，能反映出衣服整体的外观质量，一般根据止口的厚薄，就可分辨出是简做工艺还是精做工艺。

►第一步：固定驳口线。将衣片与挂面的正面相对，挂面放在上层，衣片放在下层，擦线固定驳口线使衣片不倾斜。

►第二步：固定止口（擦挂面）。将衣片与挂面的正面相对，挂面放在上层，衣片放在下层，擦线固定止口。在驳头处挂面要有一定的松量，使驳角不翻翘，在下摆圆角处，衣片稍松，挂面稍紧，产生自然的窝势。

►第三步：缝合止口。按照0.8～1cm的缝头缝合止口，缝合止口时，驳头处缉线离开牵带0.15cm，眼位以下离牵带0.2cm，缉线要顺直，防止缉还，如图11-5-2所示。

3. 剔止口

修剪衣片止口处的缝头，以减少止口的厚度，留0.3cm、0.5cm；上层的缝头为0.3cm，下层的缝头为0.5cm，止口的厚度由厚到薄要有过渡，如图11-5-3所示。

4. 扳止口

将挂面缝头向衬头面（衣身）扳牢，扳转缝头时可沿衬头扳实。驳头处缉线吐出0.1cm，眼裆以下缉线吐进0.1cm，采用斜形针法，把缝头扳顺、扳实，衣片的正面不可出现针迹，如图11-5-4所示。

5. 烫止口

在绱领点处打剪口，之后将衣片翻到正面，盖布将止口烫薄、烫煞。烫驳头下垫布馒头，要摆正驳头窝势，用力压烫，使驳头平、薄，在驳头处挂面要反吐0.1cm，止口盖棉布烫薄烫平，把挂面层势烫匀，注意驳角处要方正，如图11-5-5所示。

6. 扎驳口

将挂面翻转，把驳头扎牢，挂面要吐出大身0.1cm左右，条格要扎顺直，如图11-5-6所示。

图11-5-6 扎驳口

7. 滴挂面

先扎后滴，将止口在案板上放平，把驳头挂面横丝捋平，防止横丝朝上，影响串口不平。顺着驳头和下段大身止口里外匀，在挂面夹里拼缝处扎1道，针距为每针4cm，离肩缝17cm开始，到下口5cm止，如图11–5–7（1）（2）所示。

（1）

（2）

图11–5–7 滴挂面

第六节 前、后衣身缝合

一、工艺流程

修剪夹里→缝合侧缝→缉、扎背里→扎袖窿→缝合底边→缝合肩缝→扎领口

二、操作步骤

1. 修剪夹里

把大身、夹里捋平，适当留有松量，然后将夹里多余部分大身剪齐，底边夹里比大身净尺寸短1.5～2cm，挂面领口、领圈与衣身剪齐，肩头放高0.5cm，袖窿放出0.5cm，摆缝放出0.3cm或同前、后衣片，在离挂面下口1cm处，里子与底边都要剪眼刀或划粉印，为兜缉底边作标记。

2. 缝合侧缝

▶第一步：摞摆缝。先把后背里子归拔为与面料相同，将摆缝线钉用划粉划好，把后身摆缝对齐前身摆缝粉印，腰节对准腰节线钉。从腰节开始分上下两次扎，面料扎线缝头1cm，里子扎线0.7cm，如图11–6–1所示。

▶第二步：缉摆缝。面料缉缝头0.9cm，面、里相同。缉时手朝前推送，防止缉还。缉线要顺直，同时将里子摆缝一起缉好。

▶第三步：分烫摆缝。先将里子摆缝沿缉线朝后身折扣倒坐烫，腰节处里子缝头适当拔宽。前身止口朝自己一边摆平，将面料缝头分开，喷气熨烫，不能前后磨烫，防止分还。把背缝回直，将背部胖势向摆缝侧摆顺烫匀，用与背部相同的方法熨烫，如图11–6–2所示。

▶第四步：滴摆缝。先把下摆贴边扣倒，扎一道明线，再从里侧将后身贴边与面料甩牢，前身与衬头、袋布面料甩牢，针距3cm左右，正面不露针迹为准。滴摆缝时，底边离上10cm开始至袖窿离下10cm处，里子放层势约0.5cm左右，滴线略放松，如图11–6–3所示。

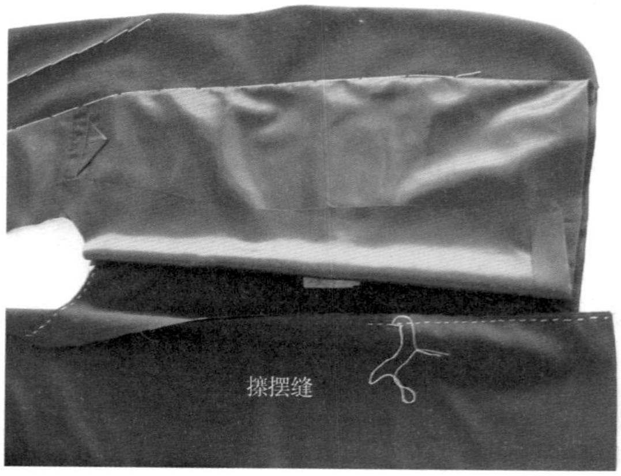

图11–6–1 摞摆缝

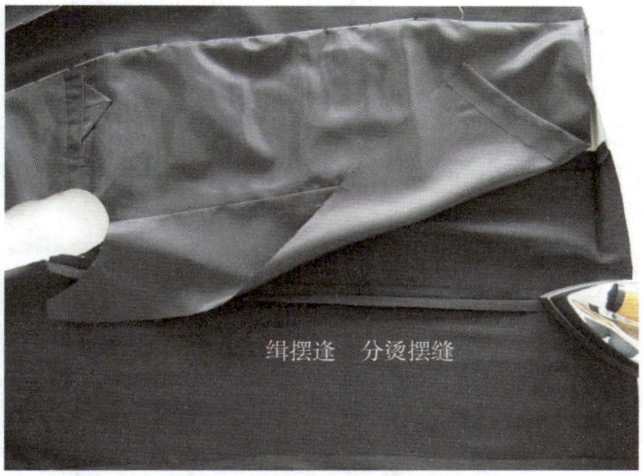

图11-6-2　分烫摆缝

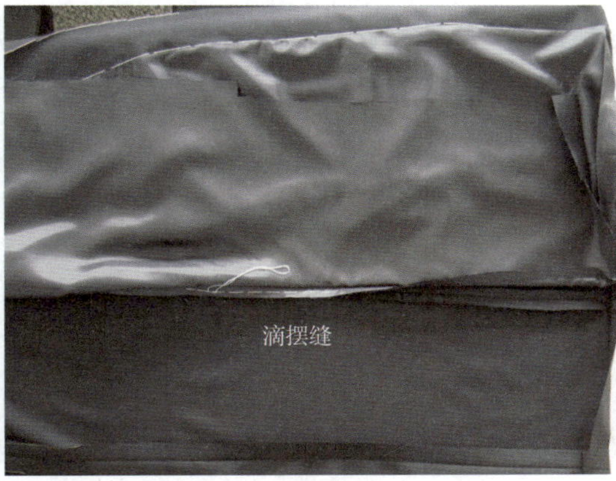

图11-6-3　滴摆缝

3. 缉、扎背里

▶第一步：先缉背缝里子，从上领口至底边，缝头朝一侧方向坐倒。之后将衣片上下层摆平，衣片的反面朝上，用白棉线从领口离下8cm至底边，背里略放层势，如图11-6-4（1）所示。

▶第二步：将衣片的正面朝上，离袖窿5cm左右，领口10cm左右扎背里，扎线不能过紧或过松。之后修剪里子，袖窿、肩缝部位里子比面要多出0.5cm，如图11-6-4（2）所示。

4. 扎袖窿

先将袖窿用专用曲线尺划顺，用双根扎纱沿袖窿粉印扎倒钩针，针距约0.8cm，前袖窿不能扎牢衬头，然后，将袖窿放在“小馒头”上烫顺，如图11-6-5所示。

5. 缝合底边

▶第一步：烫底边、扦底边。将衣片、衣里底边根据所留的缝头烫到反面，折净烫平，衣片的侧缝处连接要顺直，不可出现弯曲或吐出、吐进的现象。衣里比衣面短1~1.5cm，并且要有1cm左右的坐势，缓解衣里过长或过短而出现衣身不平服的现象。利用三角针将衣身底边的缝头扦牢，针距为2cm左右，缝线不可过紧或过松，在衣身的正面不可出现针迹，如图11-6-6所示。

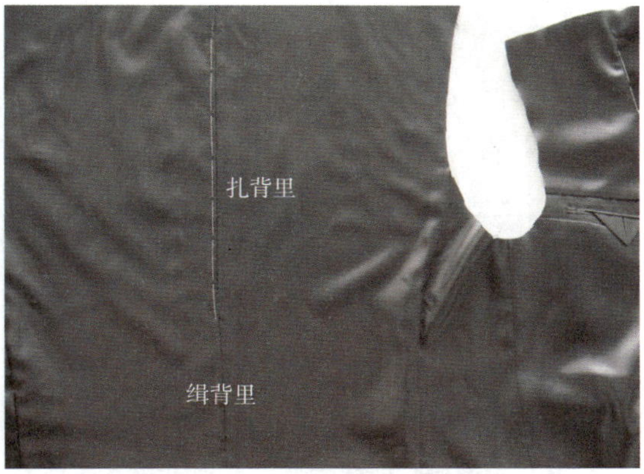

（1）

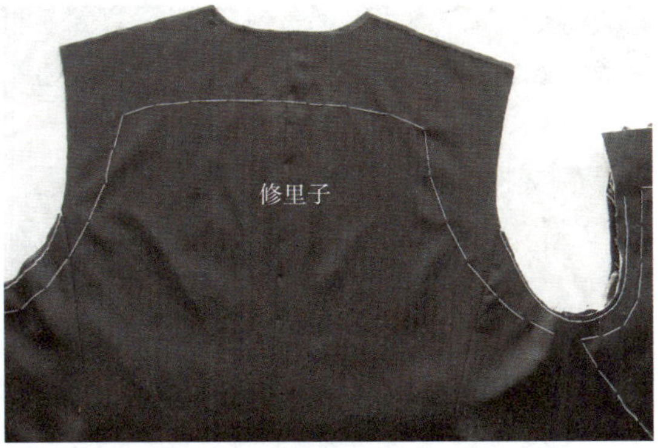

（2）

图11-6-4　缉、扎背里

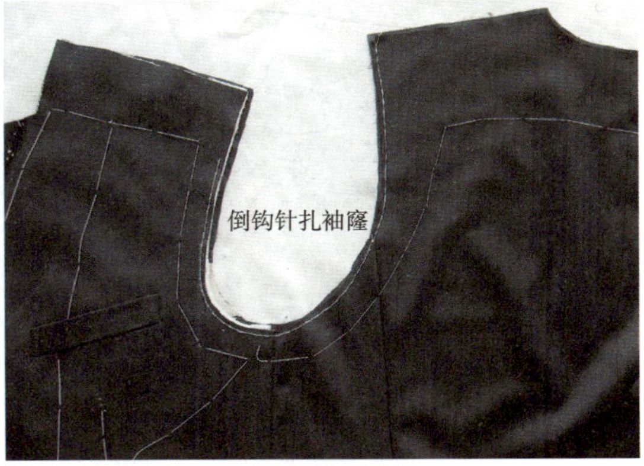

图11-6-5　扎袖窿

▶第二步：甩底边。将衣片、衣里底边摆平，离衣里底边1～1.5cm擦一道，便于掌握底边坐势，擦线放松，使之面料平挺，有伸缩性，如图11–6–7所示。

▶第三步：暗针扦底边。行针的方向自右向左，出针后在原地挑起下层的布料，然后以0.3～0.5cm的针距向上层进针，要求在衣片的正面不露线迹，里可以露少量针迹，针迹要整齐、均匀，如图11–6–8所示。

6. 缝合肩缝

肩缝是整件衣服极为重要的部分，要做得平服，既能符合人体肩部形状，又要穿着轻松舒服，工艺难度是很高的。一般情况下，成衣后两边里肩缝处，前片易起链形的毛病，往往是由于肩缝做得不准所致，因此需要重视、做好肩缝。

▶第一步：扎肩缝。绢肩缝前必须把袖窿、肩缝校对准确，如有差异，要纠正后再扎肩缝。从里肩开始向外肩扎，后肩放在上面，离领圈1cm处平扎，离领圈2～7cm处，后肩放层势约0.6cm左右，扎好后把层势烫匀。

▶第二步：缝合肩缝。缝合时后肩放下面，前衣片正面叠合，后衣片肩缝归拢，以防吃势移动。肩缝虽短但必须绢顺直，准确，绢好后将扎线抽去，如图11–6–9所示。

▶第三步：分烫肩缝。将肩缝放在烫凳上，用熨斗把吃势烫匀，分烫肩缝时，外肩要朝前方向弯势，如图11–6–10所示。

▶第四步：扎面子肩缝。将肩缝正面放在铁凳上摆平服，从领圈起扎，扎时横开领放大0.6cm，前肩领圈边顺着横丝方向捋出0.2cm，

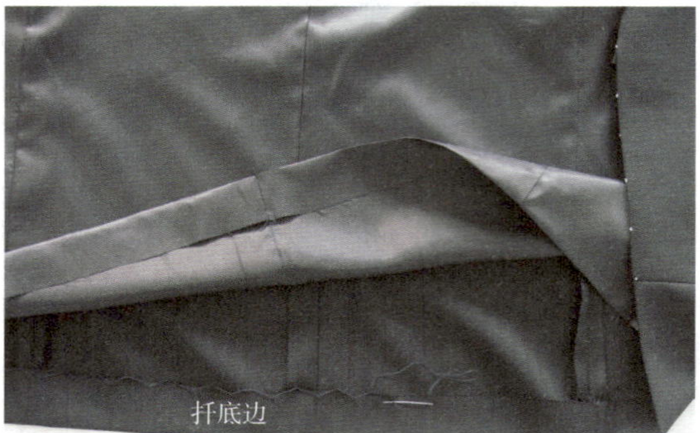

图11–6–6　烫底边、扦底边

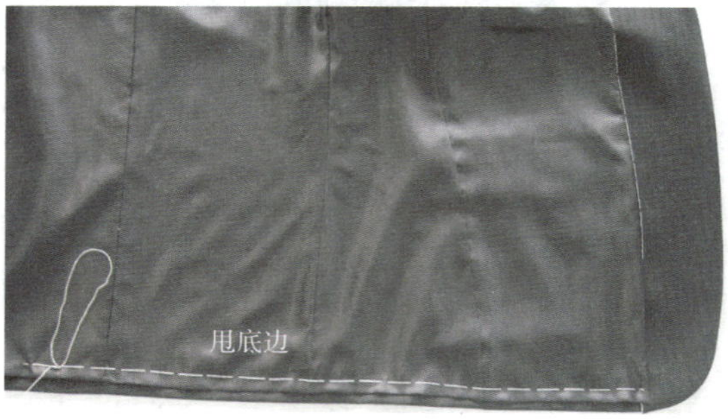

图11–6–7　甩底边

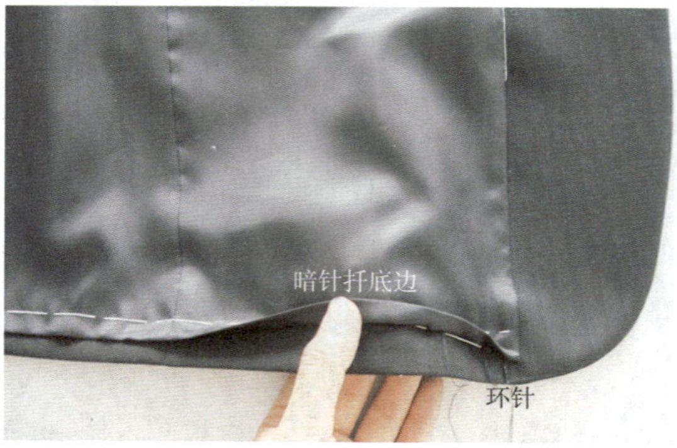

图11–6–8　暗针扦底边

图11–6–9　缝合肩缝

图11–6–10　分烫肩缝

肩缝面子扎线顺直，然后肩缝反面沿缉线边缘扎牢衬头，针距1cm，扎线略松，以防正面露针印，如图11-6-11（1）（2）所示。

►第五步：缉合肩里。先把肩里在领圈部位扎牢4cm，再把领圈面子0.6cm缝头与衬头里子一起扎牢，肩缝下0.3cm的横丝要捋挺，以防领头装好后产生宽松现象，同时把肩缝下的袖窿捋扎平服，使肩缝两头呈翘形，如图11-6-12所示。

7. 扎领口

利用倒钩针扎领口，要求衬松面料紧，针距0.8cm。扎领口前，领圈面料的横丝绺与衬捋齐扎牢，使里肩缝不起链形，后领圈与夹里扎牢，夹里按领圈修剪齐，如图11-6-13所示。

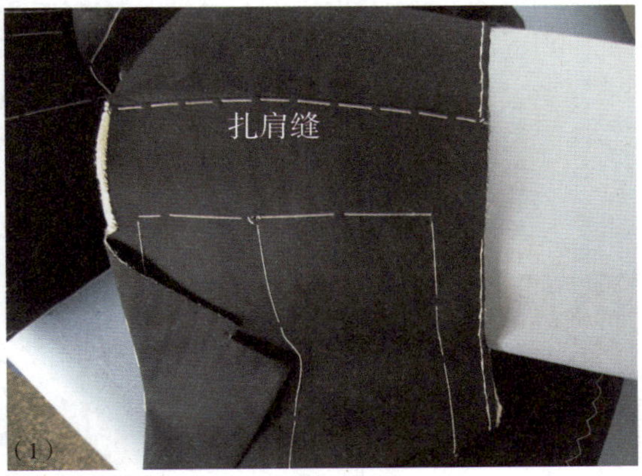

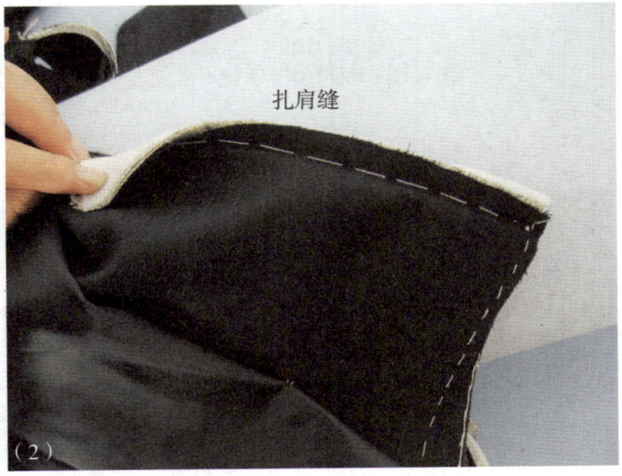

图11-6-11　扎面子肩缝

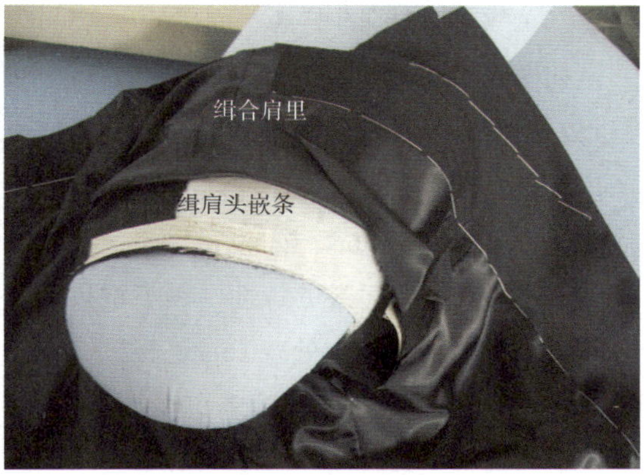

图11-6-12　缉合肩里

图11-6-13　扎领口

第七节　做、装衣领

一、工艺流程

检查裁片→修领样→归、拔领面→做领→绱领

二、操作步骤

1. 检查裁片

（1）领面：同衣身丝道一致，根据净样板一周放缝1.5～2cm。

（2）领底呢：根据净样板在串口线处放缝0.8～1cm。

（3）领衬：根据净样板一周放缝1~1.5cm。如图11-7-1（1）（2）所示。

2. 修领样

►第一步：修领样。领面外口要比领底呢多出0.3~0.5cm，按照样板将领宽减窄0.3~0.5cm。根据面料的特性、领下口拔开工艺等，领样板在后领中处减0.5cm左右。

►第二步：比样板。领串口线、绱领点、后中要和样板一致。

►第三步：做标记。在领样板上找出对位部位：后领中、肩缝对位点。

3. 归、拔领面

领下口从肩缝对位点处开始拔开，翻驳线要归拢，注意在归、拔领面时熨斗不超过翻驳线。

4. 做领

►第一步：将领底呢放在最下层，反面朝上。领面放在中间，反面朝上。领衬放在上层，与领底呢的反面相对，如图11-7-2所示。

►第二步：先将领底呢、领面、领衬相叠1cm粘衬。之后按照领底呢的大小将领衬的边缘修剪齐，领头两端要对称，拔下领口弧线、拔外领口弧线，如图11-7-3（1）（2）所示。

►第三步：将领面翻到正面，领外口留出坐势0.3~0.5cm，领衬同领底呢修齐，如图11-7-4所示。

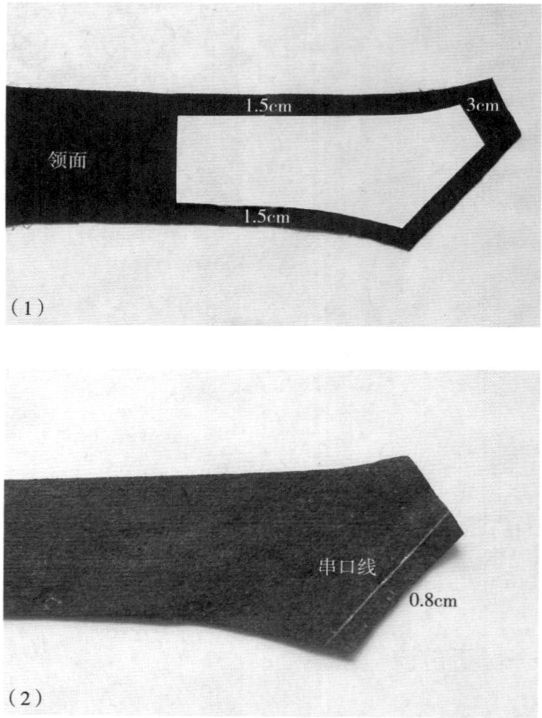

图11-7-1 裁片

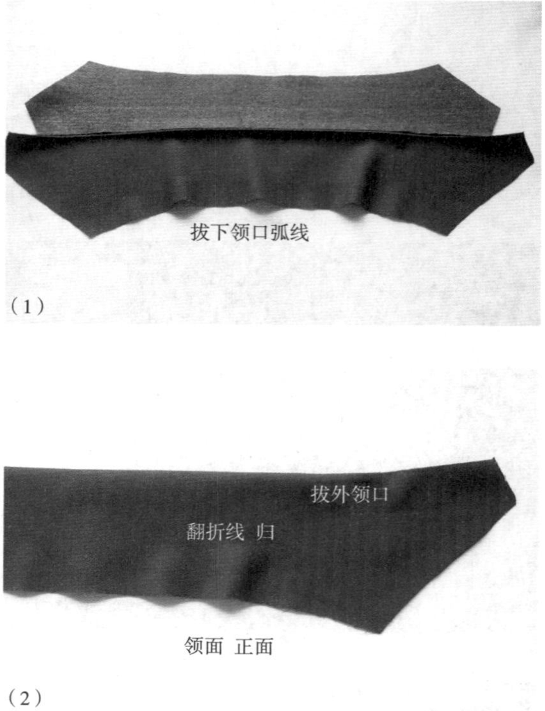

图11-7-3 做领2

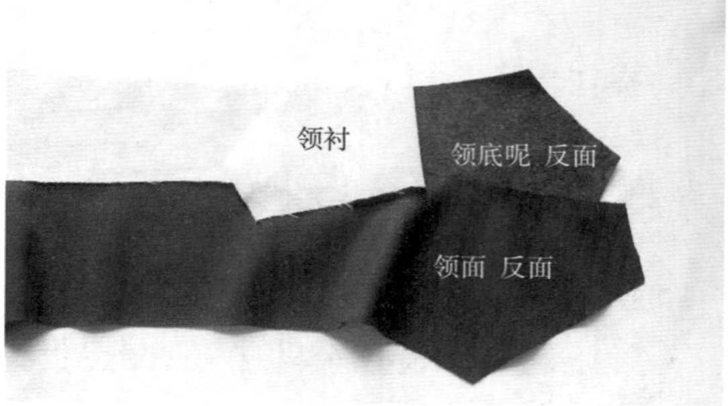

图11-7-2 做领1

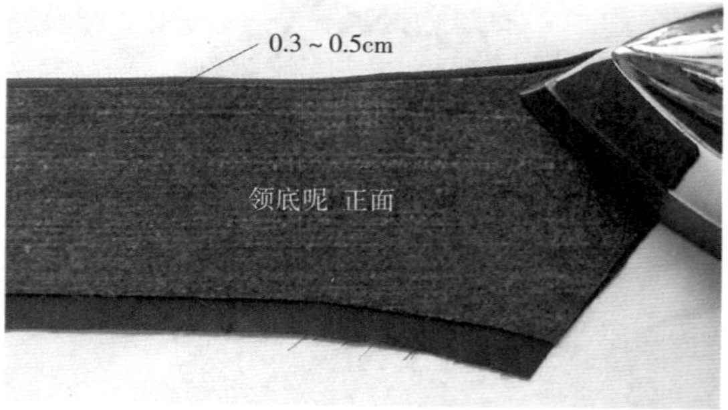

图11-7-4 做领3

►第四步：利用三角针固定领外口，针距为0.2～0.3cm，针距要整齐、均匀、牢固，如图11-7-5所示。

5. 绱领

►第一步：将领面的正面与挂面的正面相对，对准缺嘴剪口，在绱领点处起、止针绱领。注意在串口线处缉线要直，串口线转折处打剪口，衣片不可有碎褶现象，如图11-7-6所示。

►第二步：修剪串口线缝头，留0.5cm，以防止在驳头的正面出现烫痕，之后将串口线缝头分开缝烫平，后领口缝头倒向领面烫平，如图11-7-7所示。

►第三步：将领底呢放正，下领口盖没缉线，领头处折净，利用三角针固定领底呢与衣身，针脚要整齐、美观、牢固，如图11-7-8所示。

►第四步：烫正面驳领、驳头，熨烫时要用水布盖着烫，要平服、挺括、无亮光、无水印，在驳头处、止口处的吐量要均匀。领面服帖、无折痕、无脱胶、无起泡，领角不反翘，左右一致，领位端正，整烫平挺，无亮光，如图11-7-9所示。

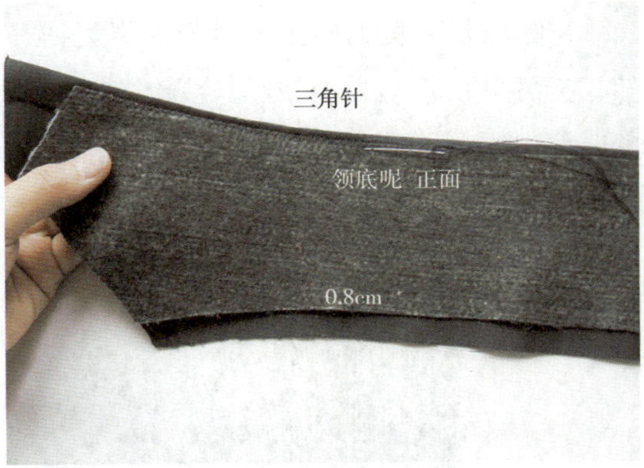

图11-7-5 做领4

图11-7-6 绱领1

图11-7-7 绱领2

图11-7-8 绱领3

图11-7-9 绱领4

第八节　做袖、装袖

一、工艺流程

归拔→做袖开衩→缝合袖缝→缝合袖口→缝袖山头吃势→装袖→装垫肩→扦袖里→锁眼、钉扣→整烫

二、操作步骤

衣袖虽然只有两条拼缝，但拼缝中有层、伸、归等不同的工艺要求。一件服装的袖子，在外观上应该弯势自然、平服，装上后应达到前圆后方，这除了装袖工艺的技巧外，与做袖的工艺也有密切关系。

1. 归拔

将大袖片偏袖肘处拔开，上段部位略归拢、袖口部位略拔开，归拔部位从偏袖缝折转摆平为准。为了袖肘合体，可将袖肘的胖势拉弯，推归至偏袖线，然后把小袖片同样在袖肘部位烫平。

前袖缝喷水烫开分缝，应按小袖片弯势摊平，在偏袖和小袖片处烫平烫死，如图11-8-1所示。

2. 做袖衩

在两片袖的外缝袖口处作一袖衩作装饰，袖衩处锁装饰纽眼，钉装饰扣，该款为真袖衩。

►第一步：在袖口处粘有纺衬，根据贴边和开衩烫出袖衩对角线，并修剪缝头，留0.3～0.5cm，如图11-8-2（1）（2）所示。

►第二步：根据熨出的对折线缉大袖开衩，折角要方正，注意将缝头分开缝烫平，止针时留出0.8cm的缝头，如图11-8-3（1）（2）所示。

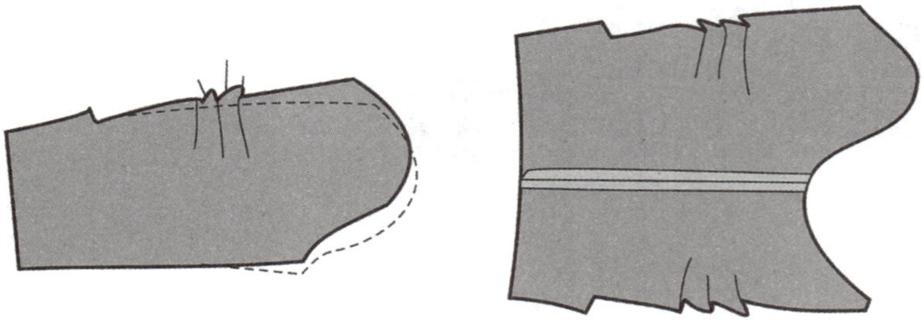

图11-8-1　归拔

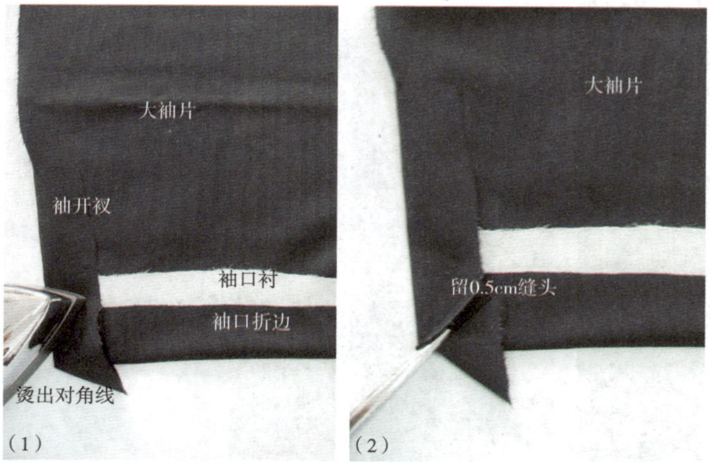

图11-8-2　做袖衩1

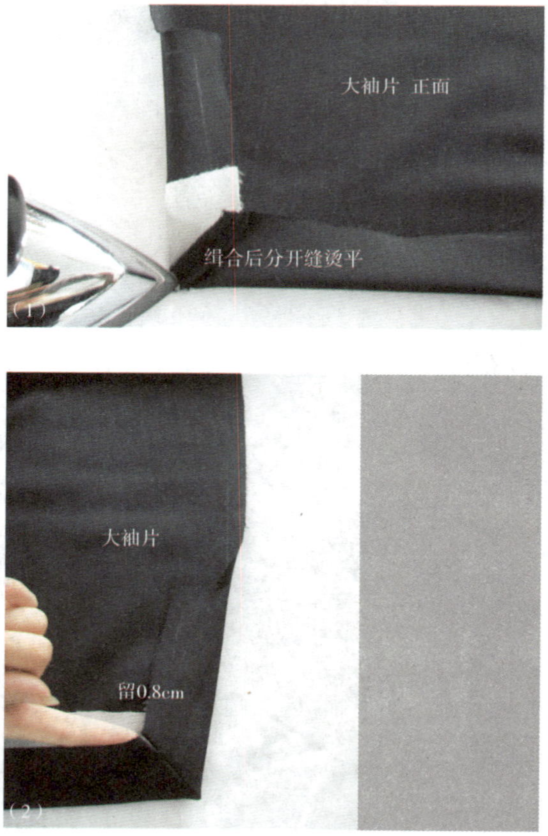

图11-8-3　做袖衩2

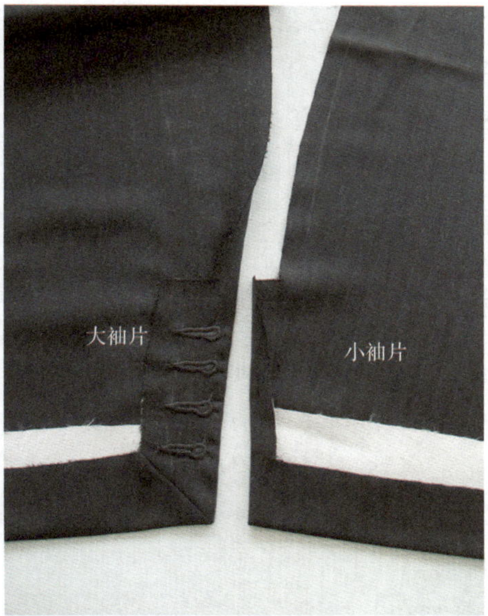

图11-8-4　做袖衩3

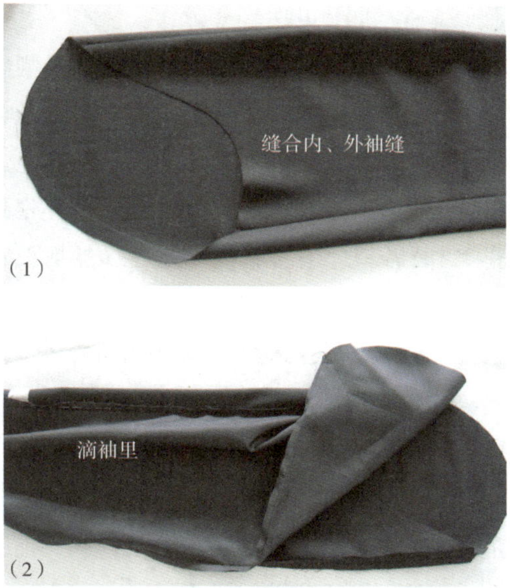

图11-8-5　缝合袖缝

▶第三步：将小袖片按照袖口贴边的宽度正面相对，缉合袖口贴边，注意止针处留出0.8cm缝头不缉，大小袖片袖口贴边的宽度要一致，在大袖片扣位处锁眼4个，如图11-8-4所示。

3. 缝合袖缝

先将大、小袖片开衩部位长短对齐，根据放缝缉袖外缝、袖开衩，要注意止针的位置。之后将大小袖片分开摆平，袖开衩倒向大袖片，按照预留缝头烫袖口折边，如图11-8-5（1）所示。

缉合袖片内缝，缝头为1cm，将大袖片放下面，小袖片放上面，缝合上段10cm时，大袖片略放层势，中段适当拉紧，下段放松，在袖肘线处略拔开。归烫偏袖窿时，先将拼缝分烫开，按袖子弯势摆好，归烫成弯形，要归过偏袖线1cm，然后，掉头把大袖的回势归烫。

缉里子外缝、内缝同面，缝头为1cm，然后袖缝反面沿缉线边缘擦牢，针距1cm，擦线略松，以防正面露针印，如图11-8-5（2）所示。

4. 缝合袖口

操作方法同衣服底边，如图11-8-6（1）（2）（3）所示。

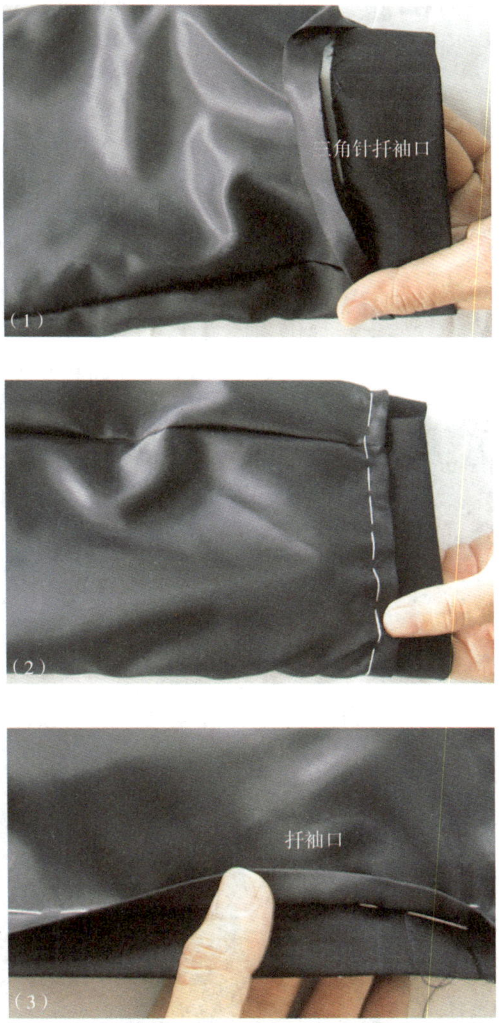

图11-8-6　缝合袖口

5. 缝袖山头吃势

先将袖里修剪好，袖山头处、两侧斜丝处里比面多出1cm。再缝袖山头吃势，从内缝以下1cm开始起针至外缝以下8cm左右止，用手工上下纳绱针。一般吃势2cm左右（根据原料），前后斜丝略多，横丝略少，然后放在铁凳上轧烫圆顺，熨斗不能超过1cm为准，如图11-8-7所示。衣袖做好后要有2cm弯势，袖窿层势均匀，袖里平服。

6. 装袖

装袖是上衣缝制的重要环节，外观要求是：弯度自然，前后适中，山头饱满，前圆后方，吃势圆顺，穿着时举提舒适。

▶第一步：划装袖对刀。装袖前先要核对装袖对刀粉印和肩宽尺寸，将袖窿肩头划顺，再划装袖对刀，参照装袖线丁与大身装袖线丁。

▶第二步：扎袖窿。先将袖窿吃势放在铁凳上烫匀，先绱左袖，从袖下对位点开始依次先用手针绷缀，沿袖山头边缘0.6cm扎线，针距0.6cm左右。袖子扎好后翻转，检查一下袖子的前后是否正确，袖山头曲势是否圆顺，层势是否适中，袖山头横直丝绺是否顺直，袖底是否有牵吊现象，经检查后，如符合以上要求，然后再装右袖，要求前后袖两只一样，如图11-8-8所示。

▶第三步：缉袖窿。调整好袖子位置后机缝，沿扎线里侧缉圆顺，缝头宽0.8cm，缉时用镊子调整袖子吃势，不使袖窿缉还和吃势走动，袖窿后弯处要随衣身自然弯势缝合。缉好后沿线垫上斜丝绺绒布，绒布宽3～4cm，长度按偏袖离上3cm起至后袖缝3cm止，垫绒布是使袖山头呈圆胖形。后肩袖窿要垫上衬头，衬头宽2cm，长5cm，以衬托后肩袖窿。缉好后拆清扎线，再把袖山吃势归烫平服，如图11-8-9所示。

7. 装垫肩

将垫肩放在下面，袖窿放在上面，垫肩保持窝势，针距1.5cm，距边0.8cm。擦线放平，不易太紧；擦时不能捏实垫肩，捏实会影响肩头的翘势，正面袖窿还会出现花痕迹，如图11-8-10所示。

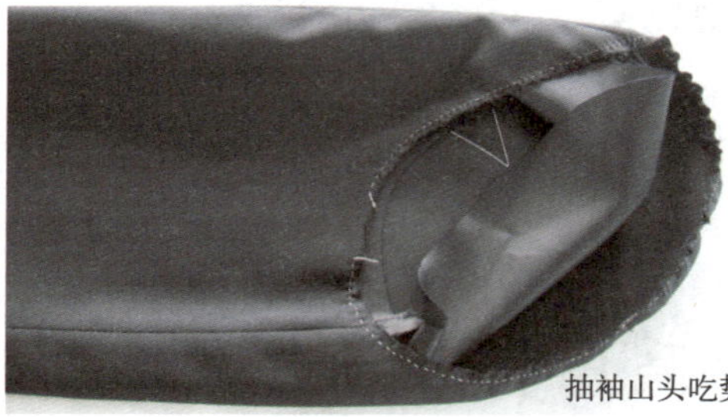

图11-8-7　缝袖山头吃势

图11-8-8　装袖

图11-8-9　缉袖窿

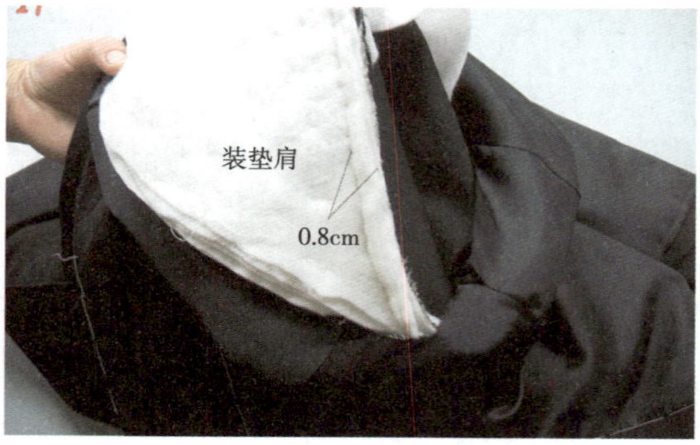

图11-8-10　装垫肩

8. 扦袖里

▶第一步：擦衣里。先擦前身衣里，擦缝约0.6cm，近肩缝处里子稍紧些，保持里外均匀，下袖窿处里子略吃，后肩里子放些层势，如图11-8-11所示。

▶第二步：扦衣里。先将袖里山头用手指将缝头折倒缝一圈，缝头为0.8cm，使袖里山头产生自然吃势，然后用本色线把袖里按面对裆扦圆顺，从内缝起扦一周，扦时要盖没擦缝，针脚为0.3cm，不可将面子扦牢。之后将袖子翻到正面，用手拖起检查袖里是否起吊，如图11-8-12所示。

9. 锁眼、钉扣

按样板上的位置进行锁眼、钉扣，要求位置准确，锁钉牢固。如图11-8-13所示。

10. 整烫

（1）烫夹里。先从烫下摆开始，然后再烫衣袖夹里，接着烫后背夹里和肩部夹里。烫夹里时熨斗的温度不能太高，不需喷水或盖湿布，以免夹里喷沾上水渍或水花。

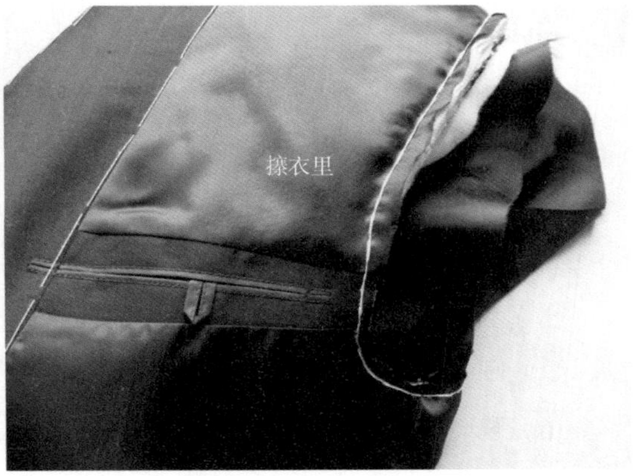

图11-8-11 擦衣里

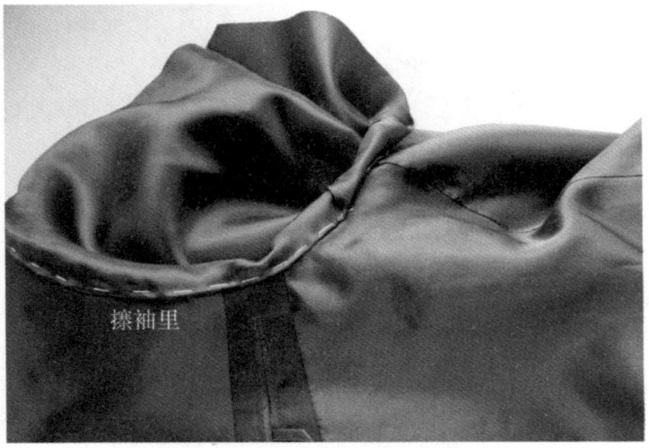

图11-8-12 扦衣里

（2）烫下摆。下面垫在布馒头上，熨烫时盖一块湿布，一块干布，干布紧贴衣服，湿布放在干布的上面。两层盖布一起烫，然后将湿布拿掉，熨斗在干布上磨烫把潮气烫干。

（3）烫后背。先烫背部的下端，如果有背开衩，要把开衩摆正，叠齐，开衩的外形不能重叠的过多。然后将馒头移到背部的中段平烫，最后上段作归拢处理。

（4）烫左右侧缝。将馒头移到侧缝下面，中腰部位丝道拉直，腰吸处前身丝道朝前推放，后腰部位烫成弯势，上盖湿两层布，布要拉直，上下段作归势熨烫，中腰部位平烫，如图11-8-14所示。

（5）烫止口。先用湿布盖在上面，轻烫一下，然后把湿布拿走，检查止口的丝道是否整齐、顺直，如有弯曲，可略整理拉直，再盖干布把水分烫干，如图11-8-15所示。

烫驳头止口时下垫馒头，上盖单层湿布，用熨斗在外口轻烫一下，即把湿布拿掉，并把驳头的丝道理直烫顺，再盖干布把水分烫干。

（6）烫袋。将衣服的丝道摆正，下垫布馒头，上面盖干、湿两层布，熨斗烫到腰吸略上一点为止，熨烫时要保持口袋部位带有一定的胖势，如图11-8-16所示。

（7）烫胸部。将馒头移到胸部，要保持胸部的圆势，上面盖干、湿两层布，靠袖窿处作归势熨烫，要保持胸部带有一定的胖势。

将馒头移到前胸部，把驳头掀起一半，下端驳到纽眼裆为止，这个部位的门襟丝道的摆法十分重要，如果稍有歪斜，会造成止口叠合过多或豁开的毛病。要保持胸部带有一定的胖势。

（8）烫前肩。将馒头上移，把肩头摆顺，上面盖干、湿两层布，把肩头烫挺。注意不要将熨斗碰到袖山头。

（9）烫领。将熨斗移到领脚的下面，把后领摆弯，上面盖干、湿两层布，把前领脚烫平、烫煞。将驳头按照领脚线与纽眼位的高低驳顺，后领摆弯，如翻驳后有松紧的现象，驳头在宽度之间可略为调整。熨烫时把串口拉顺、驳头拉直，上端烫到肩头缝，下端烫到门襟的手巾袋上口，如图11–8–17所示。

（10）烫袖窿。把衣袖前后拉顺，下垫袖窿铁凳，上面盖干、湿布，熨斗不能烫到袖山处，要保持圆势。烫袖山头时，用左手把袖子山头拎起，手指朝上，袖山头上面盖干、湿布，用熨斗轻轻地碰烫一下，即把布拿掉，并把垫肩的薄厚摸匀，把滚条捏圆，目的是使袖山头饱满圆顺。

西服的熨烫，因为前衣片的凹凸部位较多，分部位熨烫主要是要保持胸部饱满，丝道顺直，袋位胖势自然，吸腰处不至于烫直等。

三、男西服质量要求

（1）符合尺寸规格，外形美观大方。

（2）衣领平服，驳角窝势自然。左右对称，宽窄一致。丝道正直，串口顺直。

（3）前身门襟丝道顺直，肩头无链形。面、里、衬服帖。大袋高低一致，左右对称，袋盖窝势自然。

（4）后背背缝顺直，无松紧现象。

（5）两袖左右对称，前后适宜。袖山饱满、绢线圆顺，袖口平整。

（6）整烫无焦、无黄、无极光、无水花印。

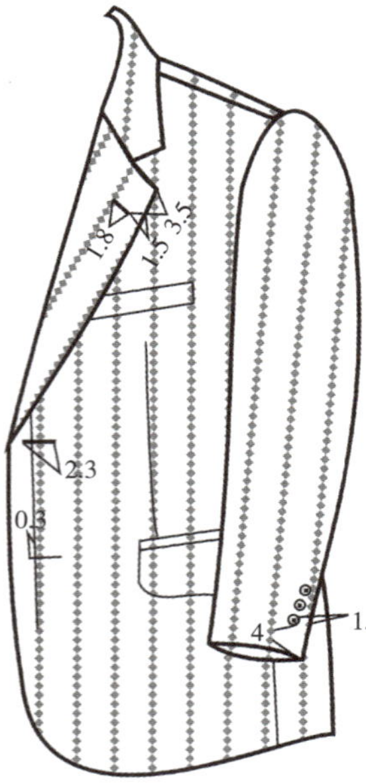

图11–8–13 锁眼、钉扣

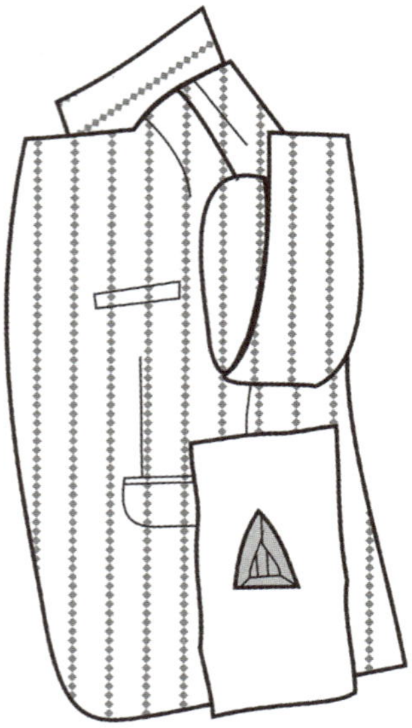

图11–8–14 烫左右侧缝

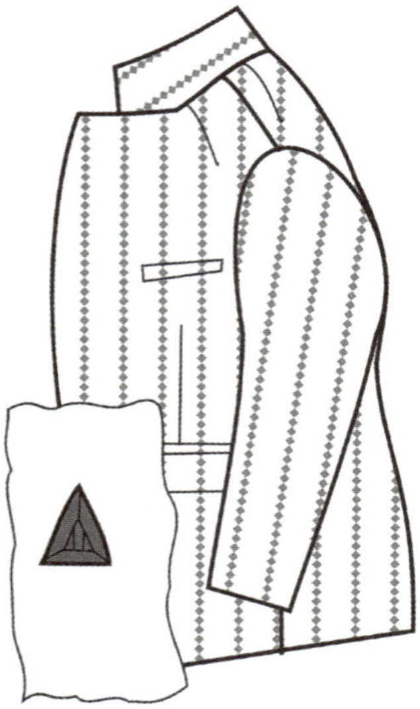

图11–8–15 烫止口

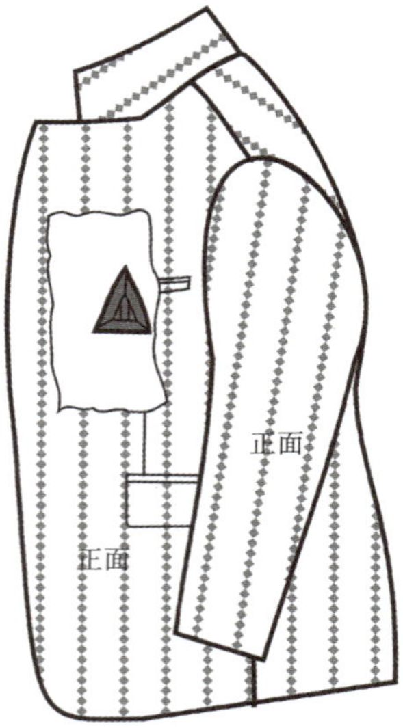

图11–8–16 烫袋

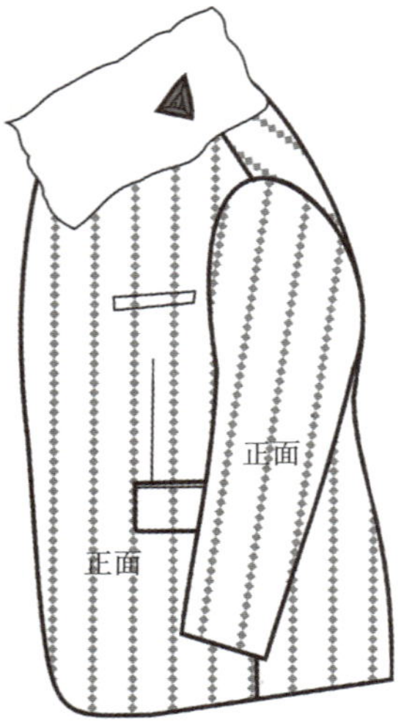

图11–8–17 烫领

小窍门

巧绕线脚

钉实用扣时，特别是厚料衣服的纽扣，需要绕线脚，线脚高于衣服厚度约0.3cm，初学者，对于线脚的高度往往把握不好，如何巧妙的绕线脚呢？

钉实用扣时，从面料的正面起针，也可直接从面料的反面起针，缝线要松，针距高于衣服厚度0.3cm，以便绕纽脚，为了掌握好线脚的高度，可在纽扣的上面放入一根直径为0.3cm的细棍，之后把细棍抽掉，当最后一针从纽眼孔穿出时，缝线应自上而下排列整齐绕纽脚数圈，绕脚要紧，整齐，然后，将线带到反面打结，再将尾结头引入夹层，如图11-8-18（1）（2）（3）（4）所示。

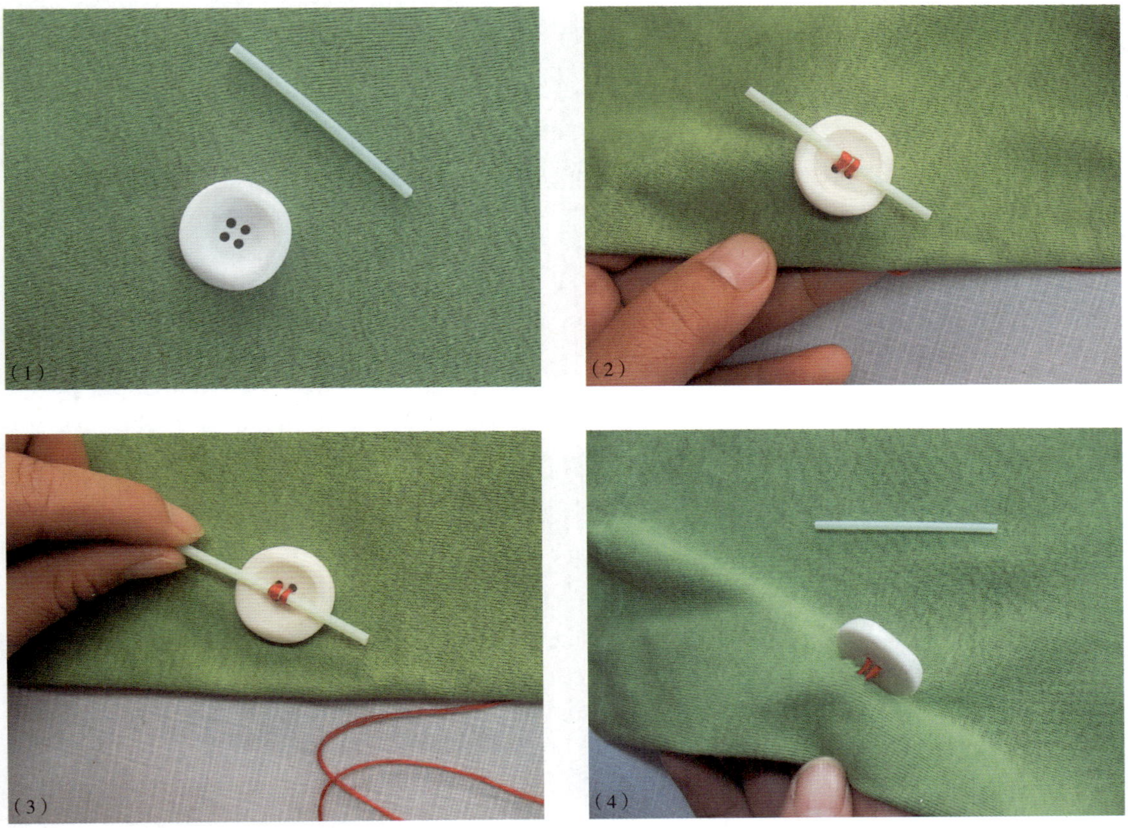

图11-8-18
巧绕线脚

思考与练习

1. 男西服面板、里板如何放缝?
2. 精做男西服敷衬时应注意什么?
3. 开大袋时应注意什么?
4. 领底呢如何放缝?
5. 归拔前身衣片时应注意什么?
6. 精做男西服的底边、袖口如何处理?
7. 男西服的质量要求有哪些?
8. 练习男西服制作。

第十二章
常见弊病分析

第一节　衣领常见弊病与分析

一、装领歪斜

1. 产生原因

（1）衣领与领圈的大小不符。

（2）绱领时对位点不正。

（3）绱领时左右不对称。

2. 处理方法

（1）衣领做好后，要在衣领上做标记，后领中心一个，肩缝对位处各一个，称为“三刀眼”，装领时要和衣服的背中点、肩缝点对准。

（2）装领时第一条绱领线要和第二条压缝线的松紧保持一致。

（3）衣领和领圈的大小要一致，要掌握好领圈的拉缩部位，一般情况下只在肩缝部位做拉伸或归缩处理。

二、驳领领角外翘

1. 产生原因

（1）裁领里与领面时两者的大小不一致。

（2）缝制衣领时领角处领面的松量不够。

2. 处理方法

（1）裁领里与领面时，领面应比领里大0.6cm。

（2）缝制衣领时，领里放在上层，领面放在下层，领角部位领里稍拉紧，使领面产生自然的窝势。

（3）对于毛料的衣领要辅以熨烫工艺，使衣领的两角烫出弧形的圆势，做出里外均匀。

三、领面起皱

1. 产生原因

（1）裁剪时驳上领的弯度过大，领面外领弧线太长。

（2）缉（归拔）外领弧线时丝道变形。

2. 处理方法

（1）裁剪时要掌握好驳上领的弯度。

（2）缉外领口时压脚的压力不要过重，或缝针不要太粗。

（3）缉合领里与领面时里外均匀不要做的太多。

（4）归拔外领弧线时，要注意与驳口线的协调。

四、领面绷紧

1. 产生原因

（1）裁剪时驳上领的弯度不够，领面外领弧线太短。

（2）领面没有经过预缩，缉合领里与领面时线迹过紧。

（3）裁领里与领面时领面的两端横丝处没有放宽余量。

（4）包领面时手工三角针过紧。

2. 处理方法

（1）裁剪时要掌握好驳上领的弯度。

（2）领面要充分经过预缩，做好衣领的归拔。

（3）裁领里与领面时，领面应比领里大0.6cm。特别是领面的两端横丝处一定要有适当的放宽余量。

（4）若采用包领面的方法，手工三角针不要过紧。

五、爬领

现象：衣服扣上扣后，上领外圈较紧，领口往上爬，下领的领脚外露。

1. 产生原因

（1）裁剪时驳上领的弯度不够。

（2）外领口较紧。

（3）下领口的弧度太大。

2. 处理方法

（1）裁剪时要注意上领的弯度、领中的角度。

（2）外领口处“拔”，下领口“拔”，翻驳线“归”。

（3）缉合领里与领面时线迹不能太紧。

六、后领起涌

现象：衣服穿在身上后，衣领两边离开颈部，不贴身，呈三角形，即为后领起涌。

1. 产生原因

（1）装领时在驳口线与直开领的交叉点的侧面处领料太松，形成起空。

（2）驳口线与领脚没有对照，产生驳口线不顺。

（3）驳口线时后衣片横开领拉大。

2. 处理方法

（1）装领时在驳口线、串口线处拉嵌条。

（2）装领前先核对领子的样板，在领板上确定好驳口线的对位点。

（3）在后衣片领口出处粘一层粘合衬或手针倒钩针，以防止横开领拉大变形。

七、驳口线不顺直

现象：驳口线变形，不贴身，向外翘起。

1. 产生原因

（1）裁剪时前衣片横开领过小。

（2）驳口线处“归”量不够。

（3）在制作时驳口线处无拉嵌条。

2. 处理方法

（1）裁剪时要前衣片横开领的量，一般情况以前胸宽作参考，不小于前胸宽的一半。

（2）裁剪后的前衣片要作“归、拔”处理，驳口线处要“归”。

（3）在制作驳口线处要拉嵌条，以防止驳口线变形。

八、驳头起皱

现象：衣服做好后，领口、驳领、驳角之间不顺直、有起伏的皱纹现象。

1. 产生原因

（1）制版时衣片处串口线与领子样板不当，出现长短、斜势不一的现象。

（2）装领时衣领与领口之间的缝合没有掌握好。

2. 处理方法

（1）制版时衣片处串口线与领子样板的长短、斜势要一致。

（2）装领时前衣片要放平，不能出现松紧不一的现象。

（3）在左右肩缝与后领口中间可稍拉紧些，在拼合串口线时驳角要放平，不能松紧差错，并要做到缝份的宽窄一致。

第二节 衣袖常见弊病与分析

一、装袖前仰

现象：装袖后袖子遮盖口袋太多，超过袋盖的一半。

1. 产生原因

（1）装袖时前袖部位吃势太多，使大袖片横丝朝下。

（2）装袖时肩缝对位不当。

（3）对于有袖里的衣袖，袖里前袖部位吃势太多，里与面不符。

2. 处理方法

（1）装袖时，前、后袖山头吃势要均匀、适度。

（2）装袖时，袖山的眼刀对准肩缝。

（3）有袖里的衣袖，袖里的袖山吃势应与袖面一致。

（4）制袖版时眼刀要正确。

二、装袖后倾

现象：装袖后，袖子靠后，不贴衣身，不符合臂的形状。

1. 产生原因

（1）装袖时后袖部位吃势太多。

（2）装袖时肩缝对位不当。

（3）对于有袖里的衣袖，袖里后袖部位吃势太多。

2. 处理方法

同装袖前仰的处理方法。

三、袖山横褶

现象：衣袖装缝不好，在袖山头部位有横形褶皱，穿在身上伸手时有袖子向后背处扳住的感觉。

1. 产生原因

（1）衣袖袖山太高。

（2）袖山头的形状太尖、太瘦。

（3）肩宽与胸宽不符常规要求。

（4）装袖时袖山吃势太少。

（5）垫肩太后，与肩斜不符。

（6）装垫肩时超过袖窿线1cm以上。

2. 处理方法

（1）制袖版时，袖山与袖窿的比例要适当。

（2）要结合臂的形态，袖山头饱满、圆顺。

（3）肩宽与胸宽、冲肩量三者要协调。

（4）装袖时袖山吃势均匀、适度。

（5）垫肩与肩斜相符，装垫肩时超过袖窿线1cm。

四、袖山直褶

现象：衣袖装缝好后，在袖山头部位有直形纵向褶皱。

1. 产生原因

（1）衣袖袖山太浅。

（2）袖山头部位吃势偏大。

2. 处理方法

（1）增大袖山的深度。

（2）在原袖山的基础上相应增加小袖片的深度，适当减少大袖片袖肥。

五、后袖窿下沉

现象：装袖后，袖底部、腰肋处起皱不平，衣片背中部起吊，后衣片不正。

1. 产生原因

（1）后衣片肩斜不当。

（2）后袖窿处没有做“归”处理。

（3）后背中腰节处没有做“拔”处理。

2. 处理方法

（1）肩胛骨部位的胖势要“推、拔”均称。

（2）后背中腰节处要做“拔”处理，并在后袖窿处做“归”处理。

（3）在缝合衣片时对衣片是肩缝部位不宜拉宽。

六、装袖一前一后

现象：袖山部位不圆顺，位置不正，严重出现一前一后的现象。

1. 产生原因

（1）装袖时，左右两只袖子的方向不一样。

（2）左右两只袖子袖山部位吃势不均匀。

2. 处理方法

（1）装袖时，要注意两只袖子的缝合方向与袖山部位吃势。

（2）装袖时，要控制好袖山部位吃势的移动。

（3）装袖时，袖片与袖窿事先固定假缝，确定好袖子的位置。

七、装袖吃势不匀

现象：袖山部位不圆顺，吃势不均匀，吃势多的部位出现褶皱不平，吃势少的部位出现瘪平的现象。

1. 产生原因

（1）袖山部位与袖窿弧线对位标记错误。

（2）衣袖的吃量偏大。

2. 处理方法

（1）在袖山弧线与袖窿弧线上做好缝合对

位标记。

（2）装袖时，按照对位标记缝合，袖山部位吃势均匀。

（3）衣袖的吃量根据面料的厚薄，一般控制在2cm左右。

八、肩缝不平服

现象：表现在前肩附近的领圈处呈“八”字形的褶皱，后肩部位紧绷。

1. 产生原因

（1）在制版时，前肩与后肩的长短不符，后肩吃量留的不够。

（2）缝合肩缝时，后肩吃量位置不正。

（3）装领时，前衣片横领宽被拉宽。

（4）装领时，衣领与领圈不符。

2. 处理方法

（1）在制版时，后肩比前肩略长。

（2）缝合肩缝时，在近领圈处的肩缝三分之二处作均匀的吃量。

（3）装领时，严格按照衣领与领圈的对位标记，前衣片横开领不可拉宽。

九、西服胸部瘪

现象：西服穿在身上，胸部不合体、不挺、不顺，严重影响西服的外观效果。

1. 产生原因

（1）胸衬裁的不准。

（2）敷胸衬时，前衣片稍紧。

（3）胸围线处挂面过宽。

（4）止口嵌条拉的太紧。

（5）领子的倒伏量不够。

2. 处理方法

（1）裁胸衬时要考虑到胸衬经过熨烫发生的变化。

（2）敷胸衬时，将衣片放在布馒头上，掌握好胸衬与衣片的松紧。不可出现起壳或露骨的现象。（注：起壳：指敷衬时面子松。露骨：指敷衬时面子紧。）

（3）胸围线处挂面不宜过宽，太宽会影响胸布的造型。缝合止口后，在驳角拐角处、纽扣之间的挂面不可出现里口紧、外口松的现象。

（4）拉止口嵌条时，衣片驳头处、下摆圆角处稍紧，中间部位平走。

（5）领子的倒伏量不够，外领弧长变短，会使胸部吊上，不挺、不顺。

十、门襟止口卷曲

现象：衣服穿在身上或扣上纽扣后，门襟止口起波浪形的卷曲，特别是纽扣之间出现的较多。

1. 产生原因

（1）前胸止口部位的“归”不当。

（2）止口嵌条拉的紧度不够。

（3）缝合止口时，衣片拉的过紧。

（4）衬料离止口太远，使止口处严重出现厚薄现象。

2. 处理方法

（1）前胸止口部位要“归”。

（2）将前止口摆正拉止口嵌条，衣片驳头处、下摆圆角处稍紧，中间部位平走。

（3）缝合止口时，衣片不要拉的过紧，掌握好上下层的松量，缉线离止口嵌条0.1cm。

（4）衬料离止口不能太远，止口处不可出现明显的厚薄现象，一般情况下衬料里止口1cm。

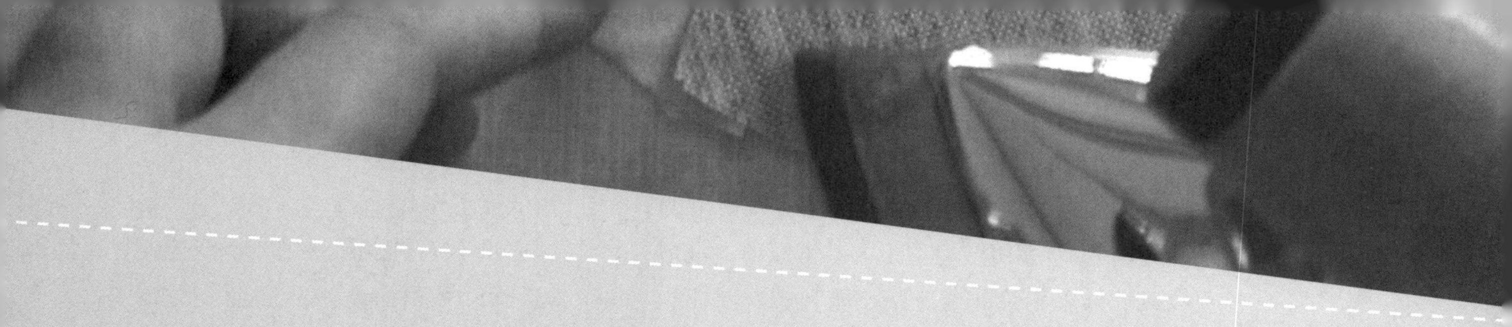

第十三章
服装设计定制工技能等级鉴定及考级知识点

教育部组织制定的全国高等职业技术师范院校服装设计与工艺专业的培养规格中明确规定："掌握服装造型工艺基本原理，具有较系统的服装裁剪，缝制技能和成衣制板能力，要求其中一种工种达到劳动部门制定的水平，获得相应的技能等级证书。"这也是高等职业技术院校服装设计与工艺专业区别于其他高等艺术院校服装设计专业的一项重要内容：它要求服装设计与工艺专业的毕业生既有较高的美术基础与服装设计创新能力，又具备较强的实践动手操作技能，能真正独立承担并完成从设计构思到成品制作的全部工序，并且成品质量，外观效果达到同类产品的先进水平。服装考工训练是实践操作技能达标的一种良好途径。几年来，各院校在这方面进行了一些有益的探索，方法、途径多种多样，目的是让学生把理论与实践紧密结合，用理论指导实践。通过实践印证、完善理论，减少盲目性，依赖性，提高自觉性、主动性，做到知其然，更知其所以然，逐步缩短办学周期，做到高质量、高速度地培养出适应社会、适应市场千变万化的高等职业技术复合型专业人才。

第一节　服装设计定制工职业标准

一、职业概况

1. 职业名称

服装设计定制工。

2. 职业定义

具有服装款式设计、平面款式图绘制、服装结构设计及样版制作、服装工艺制作及设备使用等能力，根据不同面料特点、不同消费对象的需求，进行服装设计、缝制和生产的人员。

3. 职业等级

由低到高分为四级：

国家职业资格五级——服装设计定制工；

国家职业资格四级——服装设计定制工；

国家职业资格三级——服装设计定制工；

国家职业资格二级——服装设计定制工。

4. 职业环境条件。

室内、常温。

5. 职业能力特征

具有较强的形体知觉（觉察物体、图画或图形资料中有关细部）能力、分析判断能力、辨别颜色的能力、手指手臂灵活性、动作协调性、空间感。

6. 基本文化程度

初中以上文化程度。

7. 鉴定要求

（1）适用对象。从事或准备从事服装行业，并有志于在本职业有所发展的所有专业人员及服装爱好者。

（2）申报条件。参照"上海市职业技能鉴定申报条件及相关规定"执行。

（3）鉴定方式。五级、四级、三级：知识考试与操作技能考试，均合格为鉴定合格。二级：知识与技能一体化的模块式鉴定，各模块均合格为鉴定合格。

（4）鉴定场地设备。场地：教室、操作实习室；设备：打版桌、椅每个学员一个；立体模型（人台）每个学员一个；电脑（有服装CAD软件）每个学员一台；其他必要的鉴定设施设备（电源、熨斗、烫台、缝纫机、包缝机及有关的专用设备等）；制版工具自备；立裁工具自备。

二、工作要求

各等级"职业功能"及"工作内容"一览表（表13-1-1）

表13-1-1　各等级“职业功能”及“工作内容”

职业功能	工作内容			
	五级	四级	三级	二级
一、服装款式设计及款式图绘制	（一）解读服装款式图 （二）绘制平面款式图（1）	（一）服装部件造型设计 （二）绘制平面款式图（2）	（一）服装整体造型设计 （二）绘制平面款式图（3）	（一）服装款式设计 （二）绘制平面款式图（4）
二、服装结构设计及样版制作	（一）制订规格尺寸 （二）制作服装样版	（一）平面结构设计及样版制作（1） （二）立体裁剪（1） （三）系列样板制作（1）	（一）平面结构设计及样版制作（2） （二）立体裁剪（2） （三）系列样板制作（2）	（一）平面结构设计及样版制作（3） （二）立体裁剪（3） （三）系列样板制作（3）
三、服装工艺制作及设备使用	（一）服装工艺制作（1） （二）服装设备使用（1）	（一）服装工艺制作（2） （二）服装设备使用（2）	（一）服装工艺制作（3） （二）服装设备使用（3）	（一）服装工艺制作（4）
四、服装质量检验	（一）服装质量检验（1）	（一）服装质量检验（2）	（一）服装质量检验（3）	（一）服装质量检验（4）
五、服装生产管理			（一）服装技术管理	（一）服装生产管理

三、各等级工作要求

1. 服装设计定制工（五级）工作要求表（表13-1-2）

表13-1-2　服装设计定制工（五级）工作要求

职业功能	工作内容	技能要求	专业知识要求	比重
一、服装款式设计及款式图绘制	（一）解读服装款式图	能看懂一般式样服装款式图	1. 了解人体比例、结构动态等基本知识 2. 了解服装与人体的关系 3. 熟悉最一般式样服装（西裤、女衬衫等）平面款式图的绘制要求和要领	5%
	（二）绘制款式图	能绘制最一般式样服装的款式图		
二、服装结构设计及样版制作	（一）制订规格尺寸	1. 能看懂一般式样服装结构图 2. 能为正常体型者测量尺寸 3. 能按正常人体型计算一般服装部位放松量	1. 熟悉服装制图符号和标注记号 2. 初步了解服装结构设计的一般原理 3. 了解服装号型及体型分类 4. 了解一般式样服装结构图的绘制方法	30%
	（二）制作服装样版	能依据规格尺寸绘制最一般式样服装结构图及样版		
三、服装工艺制作及设备使用	（一）服装工艺制作	1. 能计算面料、辅料的实际用量及排料 2. 能独立裁剪、缝制与熨烫最一般式样的服装 3. 能运用手缝的基本针法 4. 能在服装生产中对上、下道工序协作和配合 5. 能看懂一般式样服装工艺单	1. 了解一般面料、辅料的基本性能 2. 了解基本缝型、基本手缝针法 3. 了解一般服装的裁剪、缝制、熨烫基本知识 4. 熟悉最一般式样服装（西裤、女衬衫等）的制作工艺要求 5. 掌握机缝的缝型标准	60%
	（二）服装设备使用	1. 能使用普通的服装制作设备、工具 2. 能进行本岗位设备在使用过程中的日常保养	1. 了解一般服装设备的种类、用途、性能及使用方法 2. 了解一般服装设备的维护和保养知识	

续表

职业功能	工作内容	技能要求	专业知识要求	比重
四、服装质量检验	（一）服装质量检验	1. 能对最一般式样服装产品（或本岗位产品）进行质量检验 2. 能分析最一般式样服装产品（或本岗位产品）质量问题的原因	1. 了解一般服装的技术标准 2. 了解一般服装的质量检验程序及检验细则 3. 了解影响本岗位服装产品质量的常见原因	5%

2. 服装设计定制工（四级）工作要求（表13–1–3）

表13–1–3 服装设计定制工（四级）工作要求

职业功能	工作内容	技能要求	专业知识要求	比重
一、服装款式设计及款式图绘制	（一）服装部件造型设计	1. 能识别服装常用面料大类 2. 能根据服装效果图选用辅料 3. 能对服装部件造型进行设计	1. 了解人体比例、人体和服装之间的对应关系 2. 了解服装部件造型设计原理 3. 熟悉服装常用面料大类识别方法，了解辅料选用知识 4. 了解服装色彩基本要素 5. 了解一般式样服装（女外套、男休闲装等）效果图的绘制方法和要求	10%
	（二）绘制平面款式图	1. 能进行服装色彩基本搭配 2. 能绘制一般式样服装的款式图		
二、服装结构设计及样版制作	（一）平面结构设计及样版制作	1. 能审视一般式样服装款式图 2. 能根据测量（正常体型、特殊体型）所得尺寸按款式所需加放宽松量 3. 能熟练进行一般式样服装平面结构设计 4. 能熟练制作一般式样服装样版 5. 能根据一般式样服装面版配备全套样版	1. 了解款式图到结构图分解的过程及方法 2. 懂得服装结构设计基本原理 3. 懂得服装号型定义及规格构成 4. 熟悉一般式样服装（全夹女外套、男休闲装等）结构及全套样版工艺要求	35%
	（二）立体裁剪	1. 能识别和把握坯布丝绺 2. 能进行基础上衣及变化裙装的立体裁剪	1. 了解立体裁剪的作用和基本特点 2. 了解立体裁剪的基本操作步骤和手法 3. 了解坯布的物理特性	
	（三）系列样板制作	1. 能制定一般式样服装各部位档差 2. 能制作一般式样服装的系列样板	1. 了解服装系列样板基本知识 2. 了解服装系列样板制作的基本方法	
三、服装工艺制作及设备使用	（一）服装工艺制作	1. 能计算一般式样服装用料 2. 能独立裁剪、缝制、熨烫一般式样服装 3. 具有一般式样单件服装定制、试样、补正的能力 4. 具有一般式样成衣样品缝制能力	1. 了解常用原、辅料性能匹配要求 2. 熟悉一般式样服装排料方法 3. 熟悉一般式样服装缝制要领 4. 熟悉一般式样服装熨烫要领 5. 了解服装生产工艺文件及技术要求	50%
	（二）服装设备使用	1. 能使用一般专用服装设备、工具 2. 能对一般专用服装设备进行日常保养	1. 熟悉常规服装设备的操作规程 2. 了解一般专用服装设备的种类、性能及使用方法 3. 了解专用服装设备的维护和保养方法	
四、服装质量检验	（一）服装质量检验	1. 能对一般式样服装成品或半成品进行质量检验 2. 能分析一般式样服装产品（或本岗位产品）质量问题的原因	1. 了解一般服装的质量标准及检验程序、检验细则 2. 熟悉影响本岗位服装产品质量的常见原因	5%

3. 服装设计定制工（三级）工作要求表（表13-1-4）

表13-1-4 服装设计定制工（三级）工作要求

职业功能	工作内容	技能要求	专业知识要求	比重
一、服装款式设计及款式图绘制	（一）服装整体造型设计	1. 能对正常体型的服装整体造型进行一般设计 2. 能进行服装色彩搭配	1. 熟悉人体比例、人体与服装的关系 2. 懂得服装造型设计原理 3. 了解服装色彩搭配知识及色彩流行信息 4. 懂得一般变化造型服装（男西装、变化女装等）的平面款式图绘制要求	10%
	（二）绘制平面款式图	1. 能根据服装效果图较好地识别和选用服装面辅料 2. 能绘制一般变化造型服装款式图		
二、服装结构设计及样版制作	（一）平面结构设计及样版制作	1. 能判别服装效果图分解的可行性，并能提出见解 2. 能根据设计需求制定服装规格尺寸 3. 能进行一般变化体型的服装结构设计 4. 能进行一般变化造型服装的结构设计 5. 能制作一般变化造型服装成套样版	1. 懂得效果图到结构图的分解原则及方法 2. 熟悉服装结构设计原理 3. 了解变化体型的体型特征 4. 懂得一般变化造型结构设计方法 5. 懂得一般变化造型服装（男西装、变化女装等）全套样版工艺要求	35%
	（二）立体裁剪	1. 能根据需要选择制版方法 2. 能进行一般变化造型服装的立体裁剪	1. 了解平面制版与立体裁剪的异同 2. 熟悉立体裁剪的步骤和技法	
	（三）系列样板制作	1. 能制作一般变化造型服装系列样板 2. 能对相应系列样版进行检验与调整	1. 熟悉服装系列样板知识 2. 熟悉服装系列样板制作方法 3. 懂得系列样版的检验及调整方法	
三、服装工艺制作及设备使用	（一）服装工艺制作	1. 能独立裁剪、缝制、熨烫一般变化造型服装 2. 能对一般变化造型服装进行试样和补正 3. 能进行一般服饰件搭配及制作	1. 熟悉原辅料性能匹配 2. 熟悉男西装、变化女装等的部件缝制、组装缝制工艺要求及流程 3. 懂得服饰件种类及制作方法	40%
	（二）服装设备使用	1. 能使用特殊专用服装设备、数字化服装设备 2. 能对特殊专用服装设备进行日常保养	1. 了解先进的专用服装设备的种类、用途 2. 了解有代表性的特殊的专用服装设备、数字化服装设备的使用、维护方法	
四、服装质量检验	（一）服装质量检验	1. 能对一般变化造型服装成品与半成品进行质量检测 2. 能分析一般变化造型服装质量弊病产生的原因，并提出修正意见	1. 熟悉服装原辅料的鉴别知识 2. 了解服装标准的种类及基本内容 3. 熟悉服装质量检验程序及检验细则 4. 熟悉男西装质量标准	10%
五、服装生产管理	（一）服装技术管理	1. 能分析和组合服装工序 2. 能编制服装工艺单 3. 能对低等级操作人员作技术辅导	1. 了解服装工艺文件组成 2. 了解服装工艺流程、工艺单、工艺要求编写方法	5%

4. 服装设计定制工（二级）工作要求表（表13-1-5）

表13-1-5　服装设计定制工（二级）工作要求

职业功能	工作内容	技能要求	专业知识要求	比重
一、服装款式设计及款式图绘制	（一）服装款式设计	1. 能根据对象、时尚进行服装面辅料选择 2. 能进行较复杂变化造型服装设计	1. 熟悉服装材料性能（成分、织物组织、缩率、色牢度、耐磨性、耐洗性、粘合衬剥离强度等） 2. 懂得各类服装的分类及特点 3. 了解各类常见服装的风格特征 4. 懂得服装形式美、色彩美、图案美等知识	10%
	（二）绘制平面款式图	1. 能运用流行色进行服装色彩搭配 2. 能熟练绘制较复杂变化造型服装平面款式图		
二、服装结构设计及样版制作	（一）平面结构设计及样版制作	1. 能对服装款式合理可行进行评判、分解 2. 能进行一般创意制版 3. 能对特殊体型样版进行制作、修正 4. 能制作较复杂变化造型样版，并能审视其平衡性 5. 能对照样衣分析样版不平衡的原因，并提出修改方案	1. 了解创意制版 2. 懂得服装款式不可分解的原因 3. 了解特殊体型的体型特征 4. 较深入地掌握服装结构设计知识 5. 理解服装设计全过程的内容及关系 6. 了解服装CAD系统（某种常用系统）的构成，样版制作、推档、排料、工艺设计等常用功能及其使用方法	40%
	（二）立体裁剪	1. 能根据体型对人台进行补正 2. 能进行较复杂变化造型的立体裁剪 3. 能将立体裁剪转换成平面样版 4. 能用立裁手段进行平面样版的检验与修正	1. 了解时尚，关注流行 2. 熟悉变化造型（经典礼服、时尚套装、创意时装等）立体裁剪技法 3. 懂得立体裁剪与平面纸样转换的方法	
	（三）系列样板制作	1. 能制定较复杂变化造型服装各部位档差 2. 能制作较复杂变化造型服装系列样版，并能检验其效果	1. 懂得较复杂变化造型系列样版制作方法 2. 懂得系列样版效果检验的内容、方法	
三、服装工艺制作及设备使用	（一）服装工艺制作	1. 能独立裁剪、缝制、熨烫较复杂变化造型服装，手法精湛 2. 能对较复杂变化造型服装进行试样补正并检验 3. 能设计制作与服装适配的服饰件	1. 了解服装新工艺 2. 懂得成衣补正及检验的方法 3. 理解服饰件与服装适配的装饰美	35%
四、服装质量检验	（一）服装质量检验	1. 能对较复杂变化造型服装进行质量检验 2. 能对不同材料服装进行质量检验	1. 熟悉较复杂变化造型服装质量标准 2. 熟悉不同材料服装的检验标准	5%
五、服装生产管理	（一）服装生产管理	1. 具有编制工序工艺能力，并能进行检查 2. 能组织、协调服装生产 3. 能对低等级操作人员实施业务培训与指导	1. 熟悉服装生产工艺流程 2. 熟悉服装生产基层管理知识 3. 熟悉业务培训与指导的方法	10%

第二节　考级知识点

一、服装设计图

设计图是为了表达款式造型及各部位加工要求而绘制的造型图，一般为不涂颜色的单线墨稿图，要求各部位成比例，造型表达准确。

效果图亦称时装画，是为表达服装的设计构思及体现最终穿着效果的一种绘图形式，一般要着重体现款式的色彩、线条以及造型风格。

二、识图

（1）服装效果图：以写实的方法，准确地表现着装的效果，一般采用8~9头身的体形比例。

（2）平面结构图：将服装的平面形态画出来，其中包括衣服各部位的比例以及衣服的内部结构线。

（3）文字说明：在服装效果图和平面结构图完成后，还应写上必要的文字说明，如工艺制作上的注意事项等。

服装制图是传达设计意图，沟通设计生产和管理部门的技术语言，是组织和指导生产的技术文件之一。

三、制图工具

米尺、角尺、直尺、弯尺、比例尺、圆规、分规、曲线板、自由曲线尺、橡皮、丁字尺、鸭嘴笔、绘图墨水笔、铅笔

四、制图符号

在进行制图时为了保证图纸统一、规范，便于识别而作的标记称作制图符号。

五、制图规则

结构制图的程序一般是先做衣身，后做部件；先做大衣片，后做小衣片；先做前衣片，后做后衣片。对于具体的衣片来说，先做基础线，后做轮廓线和内部结构线，一般是先横后纵，即先定长度，后定宽度，由上而下，由左而右进行。

六、简单了解服装史与主要的著名设计师

如巴黎高级时装店的奠基人：查·夫·沃斯。

20世纪20～30年代被誉为巴黎时装“女王”的夏奈尔及其著名的夏奈尔套装模式。

创造了“H”型、“A”型等各种时装模式的克里斯·迪奥尔以及意大利的瓦伦蒂诺、乔·阿玛尼、日本的高田贤三、山本耀司等。

主要的国际时装中心：法国的巴黎、意大利的米兰、英国的伦敦、美国的纽约、日本的东京等。

七、色彩的基本知识

色彩的三属性：色相、明度、彩度。

三原色：红、黄、蓝。

色彩的冷暖感：红、橙、黄属暖色，蓝是冷色，绿、紫是中性色。

八、服装色彩与面料

服装色彩的设计取决于对面料色彩的选择，尤其是面料本身的材质、纹样、图案与色彩等基本元素，其中面料的材质是指面料的质地、色彩、触觉等综合感觉。

九、影响服装色彩整体美的因素

人体体型、肤色、服饰配件、发式、发色等。

十、流行色

流行色是在一定的时期和地区内，普遍受到消费者欢迎的几种或几组色彩，成为风靡一时的主销色，其中最敏感的是纺织品和服装的流行色。

国际流行色协会是国际上具有权威性的研

究纺织品与服装流行色的专门机构，其总部设在巴黎。

十一、服装设计

服装设计是以服装为对象，考虑其各种机能性，选择素材，运用一定的技法来完成一个服装形体，使设想实物化的创造性形成过程。

1. 服装设计的目的

（1）创造造型：服装款式的创新，新花色材料的应用，色彩方面的变化等。

（2）发展品种：服装结构、质量功能、生产工艺等方面的改进以及新材料的采用。

（3）改造质量，降低成本。

（4）满足不向层次的消费需求。

2. 服装设计的基本手法

（1）仿象设计：模仿生活中物体的形象特征构思服装样式。

（2）抽象设计：是服装样式不可感触形象的设计。

（3）写意设计：注重传递神韵，表露气质，渲染色调的设计。

（4）动态设计：一种把握服装运动节奏感、韵律感的创作方法。

（5）即兴设计：在特定的环境下触景生情而创作。

（6）怀古设计：借鉴古代服装样式进行设计。

（7）民族风格设计：吸取各民族的服饰特点用于设计。

（8）派生设计：以某一服装样式为基础，对整体结构或部件进行变化创造同类的样式。

3. 进行服装设计时要考虑哪些主要因素

（1）服装的实用性：包括防护性、舒适安全性、耐久性等功能要求，以及穿着对象、时间、场合等适应性。

（2）服装的美观性：主要反映在款式、材质、色彩、结构、工艺与装饰等方面。

（3）服装的经济性：生产成本低，作为工业性服装设计时，还要具备成批生产的条件。

4. 工业性服装设计的工作程序

（1）明确设计的目的与要求。

（2）调查研究、搜集情报，做好市场预测。

（3）初步设计，做服装效果图及文字说明。

（4）初步评审是否符合设计要求。

（5）修改并制定规格尺寸，估算成本。

（6）组织各部门进行技术、经济评价。

（7）样品试制，裁剪做实样。

（8）鉴定定型，检查实物样品并进行修改定型。

5. 服装的款式设计

服装的造型是由点、线、面、体所构成的。服装的外形轮廓大致有“V”型（上宽下窄）、“A”型（上窄下宽）、“H”型（上下基本呈现筒状）、“X”型（上下宽中间窄）、“O”型（中间鼓出）等几种基本形态。

服装设计中线条的运用主要包括服装的轮廓线、剪缉线、装饰线、裥褶线以及服装各部件如领、袋、腰等的造型线。

十二、服装的流行倾向

服装的流行倾向是指一定的时间和一定的区域范围内，被较多的人所接受或承认，并风行一时，形成潮流的一种服装穿着倾向，具体表现在服装的款式、材料、色彩、纹样图案、工艺装饰以及穿着方式等方面。服装流行倾向是这些方面的综合反映，并由此形成各种不同风格。

服装款式的流行倾向包括服装的外形轮廓和主要部位的变化特征。

服装面料的流行倾向是指面料的原料成分和织造结构等总的倾向。

服装色彩的流行倾向不是指某一、两种具体色彩的流行，流行色研究机构发布流行色时，通常分为春夏、秋冬、男装、女装四个方面。

十三、对几种服装的简单认识

如旗袍、燕尾服、日常西服、运动服、婴儿服的材料（棉质为好），军服的用色（与环境接近）等。

十四、服装的裁剪方法

服装的裁剪方法有两大类:（1）平面裁剪：使用平面制图的方法，根据人体各部位的比例关系分配尺寸来进行裁剪。（2）立体裁剪：将布披在模特架上直接裁剪，完全凭经验在人体模型上进行创作。

平面裁剪的标记方法有：线丁、粉线、钻眼、刀眼。例如：毛料主要采用线钉方法等。平面裁剪亦可通过原型裁剪划出裁剪图，原型制图是以胸围尺寸进行推算，方法简单，而且只要制出一个原则即可裁剪任何服装，特别是各种女时装。

平面裁剪的原理和方法。

划样、排料：为做到裁剪合理、适当、省料，应遵照排料的原则即先大后小，紧密套排，贯彻圆、弧、斜、尖、直料齐口、归边的技巧。

裁剪时，必须考虑服装用料。服装用料的计算是以长度部位（衣长、袖长、裤长）为依据，并考虑布料的门幅来确定。用不同门幅的布料制作同一规格的服装，需用布料的数量是不同的，其计算方法是原用料量乘以门幅宽，除以改用门幅宽，所得出的数就是所需要的用料量。

裁剪工具有：米尺、放码尺、弯尺、软尺、划粉、锥子、裁剪剪刀、小剪刀、镊子等。

十五、放码

放码步骤：（1）设计中间号型为样板。（2）样板的缩放。

把中间号型板放在纸上，准确地划上需缩放的部位线，如胸围线、袖窿线、腰节线、横裆线、臀围线、裤中线等，线必须横平竖直，各部位都必须先取直角，后找点，最后连线完成。如裤子侧缝：直向是增减上裆的高度，根据中间点向上、向下各划0.8cm，每号增减数为0.4cm，是上裆规格差。

十六、特殊体型的知识及服装修正方法

挺胸、溜背、胖肚、平肩、斜肩等特殊体型其裁剪时的处理方法如下。

挺胸体型的特点是胸部高挺，背腰挺直，衣片的处理方法是将前幅的夹胸部位加长、后背部件改短等。

溜背的体型特点是胸背向前弯，衣片的处理方法是：前幅的胸肩部位改短，后背部位加长等。

胖肚型的体型特点是腹部、臀部丰满，胖肚型裤的裁剪处理：（1）前幅加肚位；（2）后裤头按胖肚程度增加；（3）如习惯用裤头包肚位或吊带，要增高前裤身的头位。

平肩体型肩膊比正常肩型平，裁剪时将肩膊的斜度裁平些。

斜肩体型肩膊比正常肩型斜，裁剪时将肩膊的斜度裁斜些。

十七、缝制的原理和方法

缝制就是将平面的衣片缝合，使之成为适当穿着的立体服装，不同的衣料性能和服装式样，采用不同的缝制工艺。

首先要掌握车缝的针距和机缝针号。

车缝针距合理标准为每3cm/13～18针，车缝丝绸等薄型布料应装9～11号机针，斜纹布等普通原料应装14号机针，呢、绒等原料应装16～18号机针。

缝纫时要线路平整、顺直，底明线松紧适宜，缝缉时应把容易拉宽的部件放在下层。如止口在缝制过程中，应先烫平烫实。零部件需做预熨工序，如袋口、门襟、领等。先做附件

和配件，再做主件，最后进行总装配。

服装缝制过程中，常用的制作方法有：缝、褶、归、拔等四种，对于服装的一般部位，通常只采用缝和褶的方法。

十八、熨烫的原理和方法

局部熨烫定型：如西裤后部采用局部熨烫定型，使臀部突出，造成美观、舒适的效果，方法有推、归、拔三种。

熨烫按制衣工艺流程先后可分为：

（1）产前熨烫，是在裁剪之前对服装的面料或里料进行预处理。

（2）粘合熨烫，是对需用粘合衬的衣片进行粘合处理。

（3）中间熨烫包括部件熨烫、分缝熨烫和归拢熨烫。部件熨烫是对衣片边沿的扣缝、领、口袋、袖克夫等定型熨烫。分缝熨烫是用于烫开、烫平连接缝，如省缝、侧缝、肩缝等。归拢熨烫则是使平面衣片形成三维立体，如前衣片的推门、后衣片的归拢、裤子的拔裆等。

（4）成品熨烫又称整烫，是对缝制完成后的服装作最后的定型、保型处理，做到平服合体，不易变形。

熨烫定型的基本条件有：温度、湿度、压力、时间、冷却方式等。

十九、呢绒的特点及主要种类

呢绒的主要原料是羊毛，具有良好的保暖性、吸湿性和弹性，耐磨性好，光泽柔和、柔软，是一种高档的服装面料。

呢绒种类很多，分类方法也有很多种。按织物所用原料，可分为纯毛织品、混纺织品和交织织品。根据生产工艺和外观特征，可分为精纺呢绒、粗纺呢绒、长毛呢绒和驼绒四大类。用于服装上的分类通常采用后一种方法。

（1）精纺呢绒。精纺呢绒用精梳毛纱织成，又称“料子”，所用羊毛质量较好。精纺呢绒表面光滑、织纹清晰、手感柔软、富有弹性，成衣后能持久保持平整挺括不变形。适合制作春秋季穿着的中、高档服装，如西装、礼服等。主要品种有凡立丁、华达呢、毛哔叽、派力司和各种薄花呢等。

（2）粗纺呢绒。粗纺呢绒采用粗梳毛纱织成，一般经过缩绒和起毛处理、纹路不明显、质地柔软厚实，保暖性好。多用于制作冬季穿着的服装，如中山装、大衣等。主要品种有大衣呢、雪花呢、麦尔登呢、制服呢、海军呢、法兰绒等。

（3）长毛呢绒。粗纺呢绒的起毛织物，表面绒毛耸立，外观丰满厚实，手感柔软，保暖性好。多用做冬季女大衣、棉衣的外领。

（4）驼绒。驼绒是以棉纱做底布，用毛纱起绒的一种针织品，有花、素及条子驼绒之分，柔软、富有弹性，保暖性强，多用作冬季服装的里料。

二十、丝织品的特点及常见品种

丝织品指以蚕丝为原料织制的真丝绸，包括桑蚕丝织物与柞蚕丝织物两种。丝绸织物具有明亮、悦目、柔和的光泽，吸湿透气，轻盈滑爽，富有弹性，属高档服装面料。主要用于制作夏季的衬衫、裙、裤等服装，给人以高雅华丽、飘逸多姿的感觉。缺点是易缩水和易折皱。

丝织物品种十分丰富：有纱、罗、绫、绢、纺、绸、锦、缎、葛、呢、绒等14大类，常用面料有电力纺、乔其纱、斜纹绸、双绉、软缎、塔夫绸、双宫绸、古秀缎、织锦缎、金丝绒等。

二十一、针织面料

由线圈相互串套联结而成的织物叫针织物，随着针织业的发展以及新型整理工艺的诞生，针织物的服用性能大为改观，已成为服装面料的一个重要组成部分。

针织面料的主要品种有：

（1）纬编针织物，包括汗布、棉毛布、罗纹布、网眼布、涤盖棉（丝盖棉）、起绒针织布、天鹅绒、提花针织布等。

（2）经编针织物，包括网眼织物、灯芯绒织物、丝绒织物、弹力织物、花边织物、提花织物、全幅衬纬经编织物等。

二十二、服装纺织织物的成分鉴别

通常较简易的鉴别有以下两种。

（1）感官鉴别法：指凭手摸、眼看的直观经验来鉴别纺织纤维或织物成分。手摸是鉴别纺织纤维或织物的柔软性、弹性以及折皱情况；眼看是鉴别纺织纤维或织物的外观形态、光泽程度和纤维的粗细、弯曲等状态，这样便可初步判断出属于哪种纺织纤维。

（2）燃烧鉴别法：指用火点燃纺织纤维，通过观察纤维燃烧时的形态，火焰灼颜色，散发的气味以及烧后灰烬颜色、形态和硬度等各种特征，辨别属于哪一类纺织纤维。

二十三、服装主、辅料在设计、制造和穿着中的作用

构成服装时，除面料以外的所有用料统称辅料，它与面料共同组成服装材料的整体。辅料的“辅助”作用十分重要。一件服装即使款式流行，配以漂亮合适的面料，若没有相应的辅料，这件服装也很难达到设计效果，或者无法满足穿着要求，甚至无法实现穿着目的。辅料品种很多，如缝纫时所用的缝纫线；闭合、扣紧的带子、纽扣；完成造型效果的衬料、垫料、撑料等。辅料与面料一样必不可少，而且不同款式的服装、不同的面料应配以相应的辅料，以达到预期的设计要求——造型准确、穿着合体、实用。因此服装辅料与面料必须匹配，即辅料与面料在原料、色彩、质地、性能、价格等方面达成一致，使服装整体协调统一。合理地选择与使用辅料，可使服装大为增色，充分展现完美的穿着效果。

二十四、服装的功能

人体穿着服装，需要达到一定的目的，这就是服装的功能所在。服装体现的功能是多方面的，既要满足人体生理、物理、心理上的需要，又要达到装饰、审美、标识的作用，按照人体需求的层次，服装功能划分为以下几个方面。

1. 遮羞功能

这是人体最基本的需求，也是服装起源的根本之一。在文明社会，赤身露体会令人感到羞涩，若服装穿着不当或穿着不符场合、时宜，也会引起人们的羞涩心理。构成服装的衣料具有包覆和遮盖身体的作用，可以消除人的羞涩心理，起到掩体遮羞的作用。

2. 实用功能

这是人体最为重要的需求，它包括：

（1）气候调节。适当增减、调整服装，一方面可以保持体温恒定，另一方面可以适应温湿度变化，使人感觉舒适，满足人体的生理卫生需要。要求服装的款式和材料具备防寒保暖、隔热防暑、吸湿透气、防雨防风等功能。

（2）保护身体。使皮肤和肌体不受外界污染，防止机械外力、化学药品、辐射、火焰等伤害。要求服装的材料具备耐用、防毒、防火、防辐射、防污、无刺激等功能。

（3）适应活动。使人体活动自如，无束缚感，适应正常动作和环境，是一种物理需求，特别是工作服和运动服。礼仪服装对此要求则可低些。根据需要，不同的服装其材料应具备相应的弹性、强度、柔软度等，轻重适度，压迫感小。

（4）装饰、标识功能。这是人的高层次需求。穿着服装不仅要在生理、物理上舒适、满足，还要在心理上舒适、愉快，在精神上得到享受，给人以美感。从服装产生至今，随着社会的发展，服装的目的也在发生变化，它的装

饰、审美、礼仪、标识等作用也愈来愈突出。因此，一种服装材料，不仅仅要具备实用性，还要具备审美性和装饰性。

上述所有功能都不会凭空产生，必须由款式结构、材料性能和穿着方式共同作用，通过服装材料予以体现。当服装的款式结构和穿着方式一定时，服装材料对服装的功能起决定性作用。

二十五、高档花式服装的规格公差

（1）标准化是组织现代化生产的重要手段，是科学管理的重要组成部分，标准分为国家标准、部标准（专业标准）、企业标准三级，部标准正逐步向专业标准过渡。部标准（专业标准）和企业标准不得与国家标准相抵触，企业标准不得与部标准（专业标准）相抵触。

（2）国家标准：指对全国经济、技术发展有重要意义而必须在全国范围内统一的标准，服装标准就是属于量大面广的产品标准。

（3）部标准（专业标准）：指全国性的各专业范围内统一的标准。

（4）企业标准：指对企业生产技术、组织工作具有重要意义而需要统一的标准。

（5）技术标准：指为科学、工艺、检验产品和工程质量等制订的标准。

（6）产品标准：指某一类产品而言，包括该产品的形成、规格尺寸、质量指标、检验方法、贮存运输包装等标准。

（7）男女单服装成品规格公差（表13-2-1）。

表13-2-1　男女单服装成品规格公差　单位：cm

部位	公差	备注
衣长	±1	
胸围	±2 ±1．5	4cm分档 3cm分档
领大	±0.7	
袖长	±0.8	
肩宽	±0.8	

二十六、成品的外形质量要求

（1）服装的外观质量，除衬衫已作为主要项目外，其他产品的外观质量，由于包装装潢等原因，还没有作为整个产品的重点项目。“标准”把它作为衡量产品等级的一个指标进行考核，对外观质量的提高将起促进作用。“标准”规定各部位熨烫平服、整洁、美观、折叠端正，这个要求的中心就是为了保证外观质量。

（2）等级划分是衡量产品质量的一把尺子，也就是生产效果的最终反映，在等级划分中规定成品定等以件为单位，分为一等、二等、三等品。在同一件成品内出现不同品等，按最低品等定。

（3）面料色差包括深浅、明暗、色彩三种因素的变化，有的衣料图案有主次之分。“标准”规定，特殊图案原料，以主图为准，全身向上一致，各衣片的主次不能颠倒。

（4）成品外观检查，成品质量检查包括产品的外观，包装质量的检查。产品外观质量检查须检查前后衣裤身、领、袖、缝迹、后整理等方面的质量，一般此采用全数检查，不合格剔除，部分可送流水线有关工序修改，修改合格者仍可视作成品。包装必须检查内包装，外包装等外观质量。

（5）成品外观质量，“标准”规定，有轻微污渍为二等品，有明显污渍的为三等品，二等品、三等品经过整修后，符合一等品者不降等。

（6）外观疵点，每个独立部位只允许疵点一处。

二十七、成品内在质量要求

（1）毛呢服装高档与中档的划分是以产品的结构和工艺处理为依据的，而不是以面料好坏为准。在毛呢服装中，标准只规定了外观质量的要求，对内在质量没有作具体的规定、但内在质量外观质量是一个密切联系的整体，没有内在质量的基础，就不能反映外观质量的效果。规定外观质量要求的本身，就是对内在质量的要求。

（2）所谓缝纫与面料相适应，包括色泽、质地、牢度、缩水率等方面，两者应大致相当、相适应，以能保证服装内在质量与外观质量为准。衬布、缝纫、锁眼线性能直接关系到服装的内在质量，缝纫线及纽扣也涉及服装外观。

（3）技术标准是产品基本依据，是对产品内在质量的控制。新型的品质控制方法是一种调整型检查，对内外质量互相关联和约束，因此，决定产品质量的好坏，主要是看用户的评价。

（4）质量评分是根据质量标准对产品实物逐条进行检查，评比记分。所得分数即为产品质量的好坏，主要是看用户的评价。

二十八、成品工艺质量要求

（1）缝制质量的优劣关系着服装成品的外观好坏和服用性，因此对影响缝制质量的各种因素加以科学地控制，是生产中的重要问题。

（2）服装质量疵病的产生：如领角起翘，因为做领时，对领角部分没有做出里外匀状。领面太紧、造成领角起翘。装领歪斜，装领时，没有作对位记号，缝纫时，衣领左右两侧松紧程度不一致，就会造成装领歪斜，直接影响产品外观。

（3）服装制品检验手段主要是目测与测试量具相结合，且常用目测，检验的操作规格主要是对检验者的检验方式和程序进行规范化。

（4）产品检查方式有两种，全数检查和抽样检查。

① 全数检查是以一定的规格为标准，逐个地检查所有的产品，判断其合格与否的方式。

② 抽样检查是由需要检查的一批产品中抽取一部分样品加以检查，将检查结果基准比较，决定合格与否的方式。

判定一批产品的合格与否，常兼用全数检查和抽样检查两种方式。

二十九、服装生产工程的组成

（1）生产准备：选用面辅料并作出预算，进行材料测试，样板试制等。

（2）裁剪工艺：排料、铺料、划样、裁剪、验片等。

（3）缝制工艺：把衣片组合成服装的工艺处理过程。

（4）熨烫塑形工艺。

（5）成品品质控制。

（6）后整理、包装、储运等。

（7）生产技术文件的制订。

（8）生产流水线设计。

三十、服装生产工艺流程图

服装生产工艺流程图是图示服装生产工序的技术文件，制定工艺流程时，要保证生产工序衔接合理，流程畅通，达到快速高质。

（1）服装生产工艺单：主要内容是服装的规格及各部位的质量要求。

（2）服装生产工艺卡：指导具体工艺的生产内容的质量标准，工时产量定额的技术文件，主要用于大批量的定型产品生产线中。

三十一、排料

裁剪工程中，对面料如何使用以及用料的多少所进行有计划地工艺操作，排料时要注意面料的正、反面（否则造成“一顺”现象）方向性，对条对格的处理等。

（1）铺料：裁床铺料的层次要根据具体生产条件，不是越多越好。

（2）换片：不符合要求的裁片可换片补救。

三十二、服装生产材料的耗用预算

服装生产材料的耗用是指自然回缩、缩水、织疵、短料、残疵产品、特殊面料（如倒顺毛、条格布料）等的损耗。

三十三、全面质量管理

（1）全面的质量概念。

（2）全过程的质量管理。

（3）全员参加的质量管理。

三十四、服装CAD指服装的计算机辅助设计和电脑（计算机）在工业样板制作和裁剪过程中的应用

利用电脑绘制服装样板或进行裁剪的排料划样，首先要将所需要绘制的形状输入电脑，这就必须对构成服装的每一个衣片图形进行详细分析、考虑各种数据，建立相应的数学模型，输入的方式有两种，即数字化输入方式和图形数据文件输入方式。

建立好数学模型，就可以用电脑语言来表达，先把衣片各个部位直线和曲线的数学方程编成子程序，然后根据衣片的基本参数调用这些子程序，就可划出完整的衣片图形。改变衣片的基本参数，就可绘制出整套系列化样板。

接着，应用电脑进行人机交互排料。首先要将布幅宽度输入电脑，在屏幕上显示排料区域，然后利用控制键逐次把各衣片调出，依次排列，全部衣片排好后。电脑将显示出面料的利用率，视其大小可决定此排料方案的取舍。人机交互排料操作完成后，电脑可以控制绘图机将排料结果绘出1:1的排料图作裁剪的依据。同时，电脑还可将结果打印成文件，并在电脑中储存。

目前的应用电脑操作，只是作为一种工具起辅助作用，并不能完全代替人的工作。

在电脑排图的基础上，还可实现自动裁剪与电脑排料联机作业，也可以用排料系统录制的磁带控制实行自动裁剪。

三十五、工业用熨斗

工业用熨斗大致可以分为三类：电熨斗、蒸气慰斗，电蒸气熨斗。蒸气熨斗是一种从熨斗底部喷出高温蒸气结构的熨斗，熨斗温度的调节与控制，有电子调温器，双金属片触摸式调温器。

三十六、线缝服装湿热加工的温度

线缝服装湿热加工的温度使用范围是由面料中纤维的耐热度决定的，比如麻织物为180～200℃；棉织物为160～180℃；毛织物为140～160℃；真丝、人造丝和涤纶织物为120～160℃。

三十七、平缝机

中速平缝机的缝纫速度是3500针/分，高速平缝机的缝纫速度是4500针/分，由于高速平缝机的缝速高，其机内的润滑系统是自动供给，虽然工业缝纫机缝纫速度相当高，但由于不同的缝料以及作业需要，低速缝纫机也不可缺少，因此，平缝机都装有控制电机转速的最高缝速的调节装置。

缝纫机种类虽多，但就其形成的线迹，可归纳成两大类锁式线迹缝纫机和链式线迹缝纫机。锁式线迹缝纫机的成缝器是梭子，缝纫时，面线线环必须完全绕过缝纫时的全部底线，才能形成锁式线迹所必要的交织。链式线迹缝纫机的成缝器是弯针或弯钩，缝纫时面线线环不必完全绕过缝纫时的全部底线，就可形成所需的交织。

三十八、平缝机各部件及其功能

压脚：压脚的作用是不让布料左右移动，在车壳的上端装有一只大螺钉，这是调节压脚压住布料的压力用的，根据缝料的厚度，需要调整压脚的压力，以适应缝料的性能要求。

送布牙：抬起床脚，就可以看到针板口袋有两排锯齿状的牙齿，这就是送布牙。送布牙的作用是送布运动。

针杆和机针：针杆的作用是使机针产生上下运动，机针被安装在针杆上，针孔内穿有面

在机针上下运动时，由于梭子的作用，面与底线产生交织，起到缝纫布料的目的。

梭子：将推板向右移开，可以看到底板内装有梭子，梭子可以说是缝纫机的心脏部分、它是由内外两个部分所组成的。用手慢慢地转动皮带轮，可以看到外侧转动的部分，称为梭壳，里侧不动的部分称为梭子。

夹线器：该部件起调节面线张力的作用，转动夹线器的一只大螺母，可以增大或减少面线的张力，向左转减弱，反之增强。

平缝机常见故障有跳针、断线、撞针、针迹线路不好、送布送得不好、布料皱缩等现象。

跳针：底面线没有交织，跳过一个线迹称跳针。

三十九、平缝机故障及排除

（1）因机针损坏或机针质量不好而引起跳针，应更换机针。

（2）因挑线簧的弹力过大而引起跳针，应校正挑线簧的张力。

（3）针板孔过大而引起跳针，应更换针板。

（4）平缝机跳针的原因主要是机针与梭子的位置配合不当所引起的，调整位置。

（5）梭壳积毛尘，影响引线不灵活而引起断底线，应清除毛尘。

（6）机针安装不当而引起断线，应重新正确安装机针。

（7）线芯不合规格而引起断底线，应更换线芯。

（8）机针与缝线及布料不配合而引起断线，应更换机针。

（9）调整面线及底线不宜过松或过紧。

（10）梭皮的压力大、少而引起底线歪浮，应调整梭皮的适应压力。

（11）线料质量不好也会影响线迹不好。

（12）压线板压力调节过紧而引起面线线迹不好、应调整压线板及梭皮对线的压力。

（13）线架的面线不顺畅也会造成线迹不好。

（14）机针的直径取决于缝料的性质。

（15）压力不当而引起送布不畅，应调整压脚的压力。

（16）缝制薄料时，引起皱缩现象是因为送布牙齿太高，应适当调整送布牙高度。

（17）布料过厚，机针过细而引起断针，应更换机针号数。

（18）使用压脚扳手，能使压脚上升5mm左右，采用膝提压脚可使压脚上升量达10mm以上。

四十、包缝机

包缝机是一种既能包边又能缝合的缝纫机，是具有与平缝机同等重要性的机种，这种缝纫机用途较广泛，可以分为单针双线、三线，双针双线至五线。

五线包缝机线迹形成原理：五线包缝机线迹由五根线组成，三根线是包缝线迹，一根线是链式线迹，两组线迹同时形成五根线线迹，故称五线包缝机。

包缝机刀机构原理：下刀固装于下刀架上，不运动，在刀架偏心轮、刀架连杆组成的平面连杆机构的作用下，上刀产生上下运动，与下刀共同进行切割面料边缘。

参考文献

1. 闫学玲等. 服装缝制工艺基础. 北京：中国轻工业出版社，2008
2. 闫学玲、常立霞等. 服装制作工艺. 西安：西安地图出版社，2009
3. 吴铭、张小良、陶钧. 成衣工艺学. 北京：中国纺织出版社，2002
4. 包昌法. 服装量裁缝烫技艺图解手册. 北京：中国纺织出版社，1997
5. 戴建国等. 男装结构设计. 杭州：浙江大学出版社，2005
6. 欧阳心力. 服装工艺学. 北京：高等教育出版社，2002
7. 魏雪梅. 服装设计定制工. 北京：中国劳动出版社，1999
8. 中国标准出版社第一编辑室. 服装工业标准汇编（第四版）. 北京：中国标准出版社，2005